五南圖書出版公司 印行

圖解
改善管理

陳耀茂／編著

閱讀文字

理解內容

觀看圖表

圖解讓
改善管理
更簡單

自序

　　「改善」是企業進步的手段，沒有一家企業敢說不需要改善，若不思改善必將淘汰，所以說「改善」是立業之本。

　　日本企業的改善從 1970～80 年代，特別是品質管理上的改善受到全世界矚目。在此時代的許多日本企業，針對品質、成本、速率、生產力等，建構起積極地改善自身過程的此種文化，進而獲得成功，譬如利用品管圈（QCC）活動在製造現場降低不良率、改善品質、降低成本，就是最明顯的例子。

　　競爭變得激烈化的現在，組織要能生存繁榮，需要針對顧客所希望之高品質的產品、服務，以低廉的成本且能迅速地、及時地提供。產品、服務若是屬於單純的時代，生產現場或服務的提供現場，只要努力打拚都能設法做到。可是像目前產品或服務變得複雜化時，不只是特定的部門，所有的部門如不改善各自的過程，則產品或服務的品質、成本、速率、生產力等綜合性的水準，自然是無法提升的。

　　那麼改善要如何進行才好？核心是「正確地掌握事實，以邏輯的方式判斷」。以直覺的方式進行改善，如果結果變好是可以的，但實際上無法如願的情形也很多。此外大型專案為避免失敗，儘可能提高改善的成功機率更是有需要的，此即為本書探討改善管理的理由。

　　本書為了使改善導向成功，說明有標準式的步驟。這是指「整理背景」、「分析現狀」、「探索要因」、「研擬對策」、「驗證效果」、「引進維持」等六個步驟。

　　除了在這些步驟中介紹有助益的手法，並於第 8 章中，就生產、服務部門介紹各種的改善實踐案例，第 9 章簡單介紹改善常用的 QC 手法，其他不足之處可參閱相關書籍。

　　本書不僅是為直接參與生產、服務的第一線人員，也是為所有各部門的人員能輕鬆閱讀而執筆的。正如先前所說明的，品質、成本、速率、生產力的改善，所有部門的參與是不可欠缺的。以改善為中心的進行方式，若能以本書作為入門，並以相關書籍作為參考，想必可以強化品管知識。

　　本書中介紹的改善步驟、方法，雖是以品質為中心所展開的，但如第 8 章的案例，像成本、速率、生產力、服務等，所有主題均能適用，因之確信對讀者所參與的製程改善會有甚大的貢獻。

　　改善是需要使用工具的，因之本書所使用的改善方法，可參閱第 9 章的說明，至於詳細情形，請參考五南出版《EXCEL 品質管理》、《圖解品質管理》以及《圖解可靠性技術與管理」，而相關的統計手法也可參閱《EXCEL 統計分析》等書。

　　本書是採循序漸進以有系統的方式介紹，並以圖表的方式解說，期盼讀者能了解改善知識，也藉此書深化讀者對品管的相關知識，以提升改善實力，最後書中如有謬誤之處，尚請賢達指正。

陳耀茂 謹誌於
東海大學企管系所

CONTENTS 目錄

第 5 章　對策的研擬　63

第 6 章　效果的驗證　79

第 7 章　引進與維持　89

第 8 章　改善的實踐案例　103

第 9 章   改善的 QC 手法   127

參考文獻   155

第1章
改善的推行

本章內容

1-1 何謂改善

1-1-1 改善是把結果朝著「善」的方向去「改」變的活動

所謂改善（betterment）是把結果朝著「善」的方向去「改」變的活動。這是說以目前作法所得到的結果與原本應有的姿態相悖離時，改變目前的作法實現原本應有姿態的一種活動。其中大幅改變目前的作法，或引進從未採用過的作法，此等活動也包含在內。

在一些書中，以目前作法爲基礎時稱作「改善」，將現有作法大幅改變、或引進新的體系時則稱作「創造」加以區分。可是，爲了實現原本應有的姿態而使現狀變好在此點是相同的，兩者探討方式的不同在於視野擴大到何種程度，基本的「攻擊」方式是一樣的，因之本書將這些總稱爲「改善」。

如圖 1-1 所示，要將結果提高到何種程度，取決於將目前的作法，亦即既有體系要改變到何種程度來決定。如果讓結果提高的幅度小，或許既有系統小變更就行，且相對成功改善的可能性也很高。另一方面，如大幅改變既有體系或引進新系統時，它的作業雖然費事，但獲得甚大改善效果的可能性也是可預期的。

在汽車產業等方面，以參與製造現場的人士爲核心，踏實地推行確保基礎的活動稱爲「改善」的情形也有，這也是本書中的「改善」。另外，改善並非只是製造現場而已。大飯店中顧客滿意度的改善，也是服務業中改善的一例。在資訊產業中，提高存取率、縮短處理時間等相關改善也不勝枚舉。像這樣改善不取決於業種是一種必要的活動。此外像產品、服務的設計或營業等所有階段也都是必要的活動。

「改善」英文稱「improvement」，但使用「betterment」似乎感覺更爲貼切。

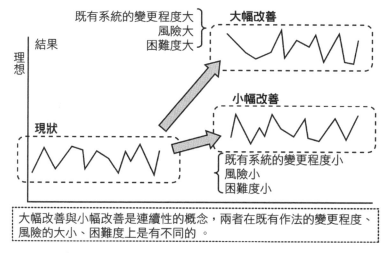

既有系統的變更程度大 ｝ **大幅改善**
風險大
困難度大

結果

理想

現狀

小幅改善

既有系統的變更程度小
風險小
困難度小

大幅改善與小幅改善是連續性的概念，兩者在既有作法的變更程度、風險的大小、困難度上是有不同的。

圖 1-1　大幅改善與小幅改善

　　在歐美，KAIZEN（改善）這句話已經根深蒂固。1980 年代日本的全面品質管理（Total Quality Management, TQM），是其他國家難以見到且日本獨有的活動，其對國家的急速成長有甚大的貢獻。歐美諸多企業認清改善是 TQM 的核心，自覺甚為重要，故不將它英譯而以 KAIZEN 之名引進。

　　那麼改善要如何進行才好？譬如，改善的主題要如何設定？若主題為提高顧客滿意度，那麼要如何實現？想要有效率地進行改善的步驟，工具要如何使用？本書的目的即介紹這些，在進入具體闡述之前，先略微地將與「改善」相關的背景，加以整理一番。

改善的關鍵因素是所有人員的努力、參與、自願改變和溝通。

1-1-2　改善是競爭力的來源

　　歷經長期確保國際競爭力的企業，均具有一項共同點，那就是不斷累積改善活動。換言之，有組織地實踐改善活動，是組織能持續繁榮的甚大關鍵。一面略微回顧歷史，一面說明此根據。

　　1960 年代的日本，每人年間 GDP（國內總生產）約是 3000 美元左右的貧窮國家，源於人力成本的低廉，同時也為價格競爭力。以價格競爭力作為武器要在世界市場中生存，輸出的產品品質即使不是世界第一，也需要成為世界標準。因此利用現場的改善提案制度與品管圈（Qualicy Control Cinrcle, QCC）推行改善活動，達到改善產品的品質。

　　當日本變成某種程度的富裕國家後，從 1970～80 年代，因人力成本的高漲而失去價格競爭力。因此許多的日本企業，以標準價格提供世界第一的品質作為目標，對此有甚大貢獻的是 TQM。TQM 的核心是將改善依循組織所決定的方針，並全公司地展開。此全公司性的活動，是當時日本企業的專利。

　　可是從 1990 年後半，全公司以改善為核心從事品質的活動已不再是日本企業的專利。亦即從 KAIZEN 成為世界共同語言一事也可明白，全球許多企業以日本企業為範本，有組織地實踐改善。

　　面對二十一世紀的今天，有組織地實踐改善是生存的必要條件。一般水準的實踐是生存的必要條件，但高水準的實踐，如豐田汽車的案例所見，甚至為公司帶來繁榮，像這樣超越時代的改善是很重要的。

豐田對持續改善的定義：是我們永不滿足於現狀，建立精實制度與架構，以促進組織學習；藉由持續不斷地提出最佳構想，以及投入最大努力來改善我們的事業。

持續改善的目的是拒絕受限於先例或禁忌，要激發所有的員工來重視問題、發掘問題、解決問題，因而促使公司的技術得以成長升級。

持續改善是技術升級與品質保證的基礎。豐田堅持持續改善的精神，就是持續追求突破，以 5 Whys 來追根究底。

1-1-3 TQM 的核心是改善

TQM 的核心是持續改善產品、服務的品質,使之成為更高水準並積極地獲得顧客滿意的活動。以 TQM 作為基礎,並在美國誕生且造成二十一世紀初期風潮的六標準差,也是以改善為核心。此即高階把判定是重要的專案,以專任的方式由黑帶(Black Belt)進行改善,將此解決的活動作為核心。

近年來,顧客對產品、服務的要求如圖 1-2 所示正在擴大。譬如像是電視,彩色電視當初出現是以不故障能播放為著眼點。之後,不故障能播放以電視來說即為當然的品質。另外遙控操作性能的提高在當初也很新奇,但最近變成了當然的品質。並且近年來像液晶電視那樣,低功耗且不造成環境負擔,也逐漸變成要求了。

持續支撐此變遷的是改善。亦即隨著新設計的進展,今後持續改善它的品質與生產力及成本甚為重要。經由如此即可成為更好的產品、服務。

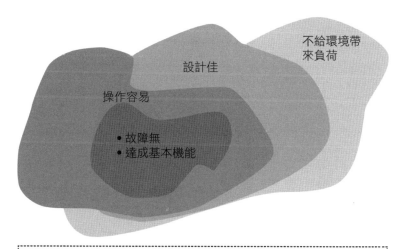

產品、服務上市的最初,僅僅是有關基本機能的要求,隨著市場成熟,其要求擴大。

圖 1-2 顧客對產品、服務之要求的擴大

1-2　有組織地推行改善

1-2-1　有組織地推行改善的條件

想有組織地推行改善，需要以下條件：

(1)個人具有能改善的知識、能力。

(2)將各項改善在組織全體下形成一體化。

(3)建構在各個現場中能改善的環境。

其中 (1) 個人確保改善所需的知識、能力是本書的主題。本書說明特別有效果的重要方法、改善步驟。在與改善對象有關聯下，(2) 組織全體的體制是需要的。在大飯店中假定櫃台服務是以度假情境呈現賓至如歸的氣氛，另一方面餐廳是以企業方式（businesslike）向有效率的方向著手改善。在各自上或許均有改善，但全體並未取得平衡。由此例的了解，全公司改善的方向需有形成一體的體制。

即使個人儘管有實行 (1) 改善的知識，如果沒有發揮改善能力的環境時，那也是枉然的。

「你的工作是這個」在只是分派工作型的職場中，縱使有改善的能力，也沒有實際從事改善的機會。為了發揮個人具有的能力，(3) 的環境是很需要的。對於 (2) 與 (3) 會在本章的以下幾節中討論，另外對於 (1) 來說，在第 2 章以後會占大半的內容。

1-2-2　改善主題是基於組織的方針來選定

改善主題是依據組織的方針來選定。就像大飯店的改善例子，各自的改善以整體來看時，不是改善的情形也有。又如設計引擎的工程師向輕巧的方向改善設計，另一方面，機身設計的工程師向重視搭乘舒適的方向去修改，整體的步調並不一致。應先決定出整體進行的方向後，再依循它去改善。

這些的概念如圖 1-3，其中圖 1-3(a) 各自的改善方向紛歧不一，以組織來說一點效果也沒有。因此要像圖 1-3(b) 所示，依據組織的方針選定改善的主題是有需要的。

高階管理者的任務，是明示有關品質、成本等方針，各個小組再依據該方針進行活動。圖 1-3 中，箭頭的長度表示改善的規模大小。因此依據高階所決定的組織方針，在各自部門就人、物、錢、資訊的有限資源下，儘可能使箭線變長來推行活動。

為了依循組織的方針選定改善主題，有方針管理、平衡計分卡、六標準差之體制。譬如在方針管理方面，參照高階所決定的品質方針，基於它選定改善的主題。另外美國的六標準差，是由高階或地位相近的人，基於方針決定主題。

高階提示的方針通常是一般性的表現，各部門要再展開成為自己部門的方針，然後參照自己部門的方針及選定改善的主題。將此例以圖 1-4 來說明，圖中高階的方針是「世界級的品質」，生產部門將它展開成「變異少的產品」之部門方針，接著再以它為依據，將產品 C 的變異降低 30% 來展開成具體的改善主題。

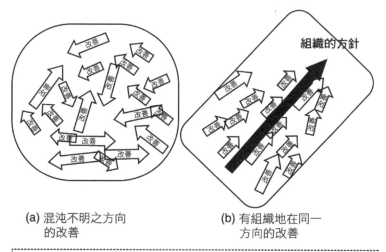

(a) 混沌不明之方向
的改善

(b) 有組織地在同一
方向的改善

各項改善主題是依從組織的方針設定。因之，組織可成為一體推進改善。

圖 1-3 改善的主題有組織地在同一方向去選定

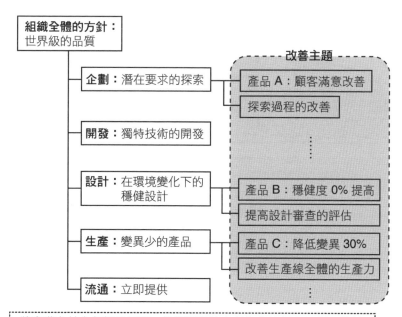

組織全體的方針：
世界級的品質

改善主題

企劃： 潛在要求的探索

產品 A：顧客滿意改善

探索過程的改善

開發： 獨特技術的開發

設計： 在環境變化下的
穩健設計

產品 B：穩健度 0% 提高

提高設計審查的評估

生產： 變異少的產品

產品 C：降低變異 30%

改善生產線全體的生產力

流通： 立即提供

將高階方針向各部門展開，各部門以該方針為依據設定目標，基於它選定改善主題。

圖 1-4 組織的方針與改善主題的選定

1-2-3 何謂改善的環境

以有組織地實踐改善的環境來說，由於執行改善的基礎能力、改善重要性與標準化重要性的認知是不可欠缺的，因之教育這些並進行跟催是需要的。然後以組織的方式設立推行改善的體系，進而實踐改善，將此概要加以整理，如圖 1-5 所示。

改善的實踐也有變更以往作法的時候。一般來說，變更以往作法會有或大或小的反抗。譬如 A 先生為了改善生產量，假定發現最好是變更既有的流程，此時除 A 先生外的相關人員，能否立即接受此變更呢？

除了像「為何要變更呢？」、「它是正確的嗎？」質詢變更的正當性之外，像「不想改變好不容易記住的作法」等提出各種反駁的可能性也有。那麼好不容易發現的改善就這樣被埋沒掉了。像這樣想確實實踐改善，就要認識改善的重要性。

此外改善後不可忘記的是，要將改善的作法加以標準化。如為了提高顧客的滿意度，餐廳的待客方法已改變時，要將作法反映到待客手冊上，而這些如未標準化時，以組織來說即無法活用改善成果。為了有效地活用，像待客手冊、作業標準等制度的改訂，並且需要有教育業務的承擔者，照這樣才可確實維持已改善的結果。

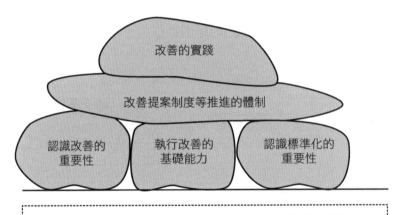

圖 1-5 改善的環境

1-2-4　改善提案制度、表揚制度

改善提案制度是組織積極地吸取改善提案，並引進好提案的一種體制。改善提案制度是基於「為了使結果變好，改變作法是最好的」，因而積極地改變使過程變好之想法，進而成為對整個組織的政策。

改善提案制度的優點，可舉出像能安心改善、出現改善的幹勁，以及改善及標準化的體系可形成等。此外表揚制度也是為了增加其幹勁的觸媒。

改善提案英文稱為「proposal improvement」提案制度推動的初衷，在於鼓勵員工發揮改善精神，幫助公司提升效率，透過完善獎勵制度為誘因，才能促使全員參與。藉由改善提案的號召、推動、審查、評價、獎金、表揚等作業，只要流程運作順利，員工提案便會不斷地循環。

1-2-5　持續地教育

為了持續地實踐改善，持續教育是需要的。為了活用本書所介紹的工具，活用工具的教育更是不可或缺，此種教育與運動中的基礎體力訓練是相同的。足球選手的基礎體力練習，即使偷懶一天，對比賽幾乎是沒有影響吧？若偷懶半年的話會變成如何呢？對我個人來說，如果是偶爾過一下癮的足球水準那勉強還可以，但論及高水準卻是望塵莫及。以有組織的改善為目標，教育是不能空白的。

改善的教育即使有半年的空白，組織的改善能力也不會掉落，可是若三年間都中斷，組織的能力確實會掉落的。其中一個理由是未接受基礎教育的人慢慢地增加，而「客觀地評價事實」、「以數據說話」的文化就會消失。

1-3 支持改善的基本想法

1-3-1 PDCA 與持續改善

1. 何謂 PDCA

PDCA 是將計畫（Plan）、實施（Do）、確認（Check）、處置（Act）的第一個字母排列而成，是管理的基本原理。將此概要表示在圖 1-6 中，計畫（P）的階段是「決定目的、目標」，也含有「決定達成目的、目標之手段」；實施（D）的階段可分成「為實施而作準備」與「按照計畫實施」；確認（C）的階段，是確認實施的結果是否如事前所決定的目的、目標；接著處置（A）的階段，是觀察實施的結果與事前所決定的目的、目標是否有差異，視其差異採取處置。

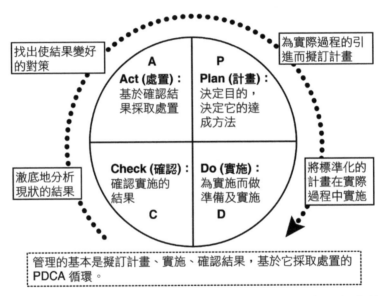

圖 1-6　管理的基本原理：計畫、實施、確認、處置與改善

譬如目標未達成時，要調查目標未達成的理由。接著視其理由採取處置，如下次要改變實施的作法或重新設定目標。

2. 改善是轉動 PDCA 的循環

改善活動的基本是適切觀察實際狀況，視需要採取處置，即所謂 PDCA 的循環。後面會敘述改善活動的標準式步驟，是持續 PDCA 中對應「CAPD」的過程。

改善是對應（C）的階段，藉以澈底地分析現狀，這是為了避免基於「深信」而做了錯誤的決策。接著依其結果採取處置（A），為了使結果成為好的水準，思考要如何做。然後當知道結果處於好的水準時，再將它以計畫（P）進行標準化。當迷茫不知做什麼才好時，思考在 PDCA 中處於哪一個階段，是改善的捷徑。

3. 不斷提高 P 持續性地改善

如讓 PDCA 不斷發展時，即成爲持續性地改善。儘管按照計畫階段所決定的事項實施也未達目標時，採取適切的處置即可期待目標的達成。因此將目標設定在較高的水準，假定目標即使未達成仍要採取適切的處置，當可期待能達成高的目標。持續地實踐 PDCA，即可將目標慢慢地提高，最終而言產出的水準即可提高，此概念如圖 1-7 所示。

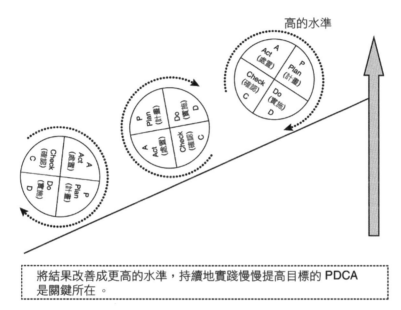

```
將結果改善成更高的水準，持續地實踐慢慢提高目標的 PDCA
是關鍵所在。
```

圖 1-7　PDCA 的持續應用使全體的水準提升

1-3-2　「以數據說話」是原則

1.「使用數據說話」的重要性

使用數據來說話時，改善的成功機率是相當高的。因此不允許失敗時、或者採取幾個對策也無法順利進展時，蒐集數據以邏輯的方式判斷事情是很有效的。

此處所說的數據，不只是何時、在何種狀態下，接受幾件客訴此種被數值化的定量性資料，也包含像是觀察顧客行爲的錄影帶、觀察紀錄等表現事實者。換言之，並非頭腦中所想的假設，而是表現現象者。好好認識事實，根據它從事改善正是「使用數據來說話」的意義。

使用數據是防止以「深信」來判斷，而是爲了能客觀地、合乎邏輯地判斷。如果是認眞從事工作的話，爲了使結果變好就會設法謀求對策。可是打算好好地做，然而結果並不理想的情形也很多，那是未切中目標的對策所致。

　　關於「以數據客觀地、合乎邏輯地判斷」來說，不妨使用例子來說明。某大學隨著18歲人口的降低，志願入學者的人數在減少。以 1990 年度的志願者人數當作 100，畫出志願者人數的圖形後，如圖 1-8(a) 所示，志願者人數呈現減少。

　　因此在 1997 年結束後，以增加志願者人數為目標，從事大規模的廣告活動。此事以宣傳活動在全國巡迴，成本上花費不貲。雖然它一直持續到 1998 年以後，但志願者人數還是減少。在 2004 年結束後，終於到了重新思考以往廣告活動的時候了。由此數據可以判斷廣告活動是有效的嗎？或者因為沒有效果所以判斷作罷呢？

　　在統計學的課堂上進行此詢問時，「實施廣告活動後志願者人數也在減少，所以毫無效果。因此應該中止花費成本的廣告活動」，經常會得到如此的回答。以粗略的看法來說，這樣的回答也許是可以的。

　　可是正確來說，應考慮 18 歲人口規模正在變小的狀況，因此廣告效果之有無，與18 歲人口的減少情形相比，此大學的志願者人數減少多少是該依據此來議論的。亦即如圖 1-8(b) 所示，廣告活動的效果，與市場的下降情形相比是屬於何種程度，應依據此來議論。

　　只是比較廣告活動引進前後來議論其成果時，如圖 1-8(a) 的情形，將有效果的當作沒有效果來判斷會發生損失。這雖然是志願者人數的例子，但是應該客觀且合乎邏輯地評價事實的狀況卻有很多，從這些事情來看「以數據來說話」即受到重視。

讓數據說話，是透過統計提出佐證，利用數據輔助思考，而非仰賴直覺行事。

2.「以數據來說話」應用統計的手法是最有效的

　　以數據來說話，其在應用統計的手法是很有效的。以先前的例子來看，18 歲人口的減少即使概念上知道，要如何將它以定量的方式來表示才好呢？從志願者人數的數據圖也可了解，這些數據是帶有變異的。要如何估計變異的幅度才好呢？從此事來看，統計手法的應用是最具效果的。本書只介紹它的概要，數據能訴諸什麼？使它容易說話的是統計手法。

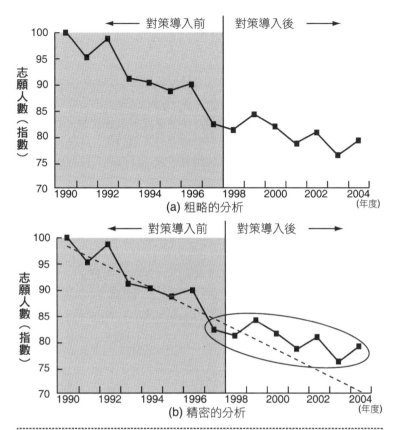

單單地比較對策前後雖然是無效果的結論，但考慮的是縮小市場時效果即可正確掌握。

圖 1-8 以數據表達的重要性

1-4 改善步驟的必要性

1-4-1 維持與改善

組織要持續成長，應設定適切的進行方向，某個部分使狀態安定化要予以維持，某個部分則需要改善。譬如餐廳品質的好壞，是取決於所提供的料理、待客、店內氣氛等種種要素來決定。因此餐廳整體來看時，要使之處於良好狀態。譬如就料理來說，要比現狀的水準更好，且店內氣氛因獲得顧客良好評價要使之持續。待客態度由於取決於待客負責人而有變異，因之要減少此變異，像這樣有需要使現狀與餐廳的方針整合後，再進行改善。

所謂「維持」是使結果能持續安定的活動，相對地「改善」是使結果提升至好水準的活動。對改善來說，以既有系統為基礎慢慢地改善，或建構新系統以大幅改善為目標的情形也有。

1-4-2 維持的重點

對維持來說，像作業程序書、待客手冊等記述作法的標準需適切地製作，依據該標準使作業精確是很重要的。直截了當地說，「維持的重點在於適切的標準化」。標準化的詳情會在第 7 章中說明，這是基於對結果會有重大影響的要因，將它們固定在理想水準的一種原理。

譬如餐廳的服務，要如何能持續將菜單上料理以美味狀態提供給顧客享用呢？首先需適切地採購能作出美味料理的材料，且烹調準備也會影響料理的美味，甚至連調理方法也很重要。像這樣各式各樣都會影響料理的味道，因此要決定好這些作法，使之能持續提供美味的料理。具體言之，決定好材料的供應商、採購方法、烹調準備的作法等，廚師則依據它進行烹調，並且選定記有料理作法的食譜，依據它製作料理。

雖然標準化有種吃力的印象，但它卻是平常我們在實踐的活動。利用標準化能提供美味的料理，可以維持在理想的狀態。標準化是貫澈使結果處於理想狀態的作法，亦即使結果處理想狀態的方法。以料理的例子來說，如何尋找美味料理的「作法」是關鍵所在。

1-4-3 改善的重點

維持雖然可以在「標準化」的關鍵詞下進行活動,但改善則需要發現與以往不同的方法。就料理的情形來說,需要去發現製作美味料理的作法,並且爲能提供美味的料理,包含年輕廚師的教育在內需要充實體制。在此意義下,改善比維持處理的範圍變得更廣。

改善必須廣泛地著手,此有幾個重點:適切掌握現狀、視現狀引進對策、觀察對策的效果、再推行標準化等。匯整這些程序,即爲下節要說明的改善步驟。

1-4-4 改善的步驟任務

改善的步驟,以下的兩個意義是很重要的。

(1) 在改善活動中,不知接下來要做什麼才好時,如依據此步驟,即可明確應該要作什麼。

(2) 依據改善的步驟時,儘管 A 先生、B 先生以不同的對象從事改善,仍可共享不同對象的經驗。

首先是 (1) 的重要性。譬如就大飯店的服務來說,有來自顧客的不滿心聲,要如何改善此不滿呢?針對有不滿心聲的人,在道歉之後進行訪談打聽出問題點,就直接地採取對策嗎?如有顧客抱怨櫃台應對不佳,立即實施櫃台的再教育嗎?或者針對與顧客滿意(Customer Satisfaction)有關的所有服務,以提升其水準爲目標實施對策嗎?由於經營資源是有限的,必須只採取有效的對策才行,亦即取決於時間與場合而定。如何洞察此「時間與場合」是很重要的,改善的步驟是使它明確。

其次是 (2) 的重要性。A 先生在大飯店中就職,擔任櫃台的工作。接著 A 先生讓櫃台的服務品質提高,獲得了顧客良好的評價。不只是櫃台,也向餐廳、其他部門水平展開,爲了讓改善能落實要如何做才好呢?

譬如未向 A 先生告知任何發表的指引而讓他發表,對其他部門工作的人來說,如未閱讀內文的說明是不易了解的。A 先生的發表依據改善的步驟時,即使部門獨特的用詞多少不了解,但整個內容的流程是可理解的,即可共享改善案例。

1-5 改善的步驟

1-5-1 由6個階段所構成的改善步驟

為了提高改善的成功機率，由以下6個階段所構成的步驟是非常有效的：

(1)將改善的背景、日程、投入資源、應有姿態等加以整理（背景的整理）。

(2)澈底調查現狀（現狀的分析）。

(3)探索問題的要因（要因的探索）。

(4)基於要因的探索結果去研擬對策（對策的研擬）。

(5)驗證對策的效果（效果的驗證）。

(6)將有效果的對策引進到現場（引進與維持）。

此步驟的詳細情形留在第2章以後陸續說明，此處將它的概要、問題點表示在表1-1中。

此步驟的背後有如下的想法：

(1)基於事實，以科學的方式、合乎邏輯的方法來進行。

(2)原因並非立即閃現，首先要澈底分析現狀。

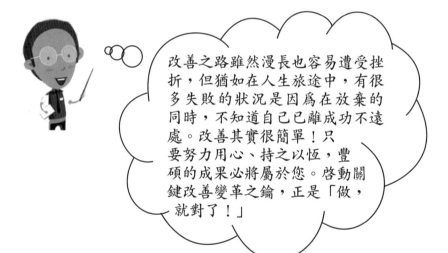

改善之路雖然漫長也容易遭受挫折，但猶如在人生旅途中，有很多失敗的狀況是因為在放棄的同時，不知道自己已離成功不遠處。改善其實很簡單！只要努力用心、持之以恆，豐碩的成果必將屬於您。啟動關鍵改善變革之鑰，正是「做，就對了！」

表 1-1 改善的步驟

步驟	內容	問題點
(1) 背景的整理	整理背景、投入資源、期間、應有姿態	基於事實正確設定改善的目的、期間等
(2) 現狀的分析	澈底調查現狀	使用時間數列圖或層別等,就結果的現狀澈底調查
(3) 要因的探索	探索問題的要因	依據現狀分析的結果探索要因
(4) 對策的研擬	基於要因的探索結果研擬對策	關於要因的假設,要依據對該領域的知識來建立
(5) 效果的驗證	驗證對策的效果	蒐集數據,確實進行驗證
(6) 引進與維持	引進有效的對策到現場	改善的負責人與現場負責人有時是不同人,為彌補其差異而進行管制

> 依據此步驟進行改善時,就不會茫然不知接下來要做什麼,並且成功機率也提高。

　　當發生問題時,直覺地認為是它並採取對策不一定是不好的。如果它能順利解決且不費功夫是很有效率的,對問題以直覺方式採取對策可說是「經驗、直覺、膽量」的探討方式,有時可以借鏡。但此種方式的應用不佳者,如問題並未解決卻仍以直覺方式持續採取對策,或是不允許失敗的狀況下只憑直覺採取對策之情形。換句話說,以直覺的方式無法順利進行或不允許失敗的狀況下,依據上述步驟以科學方式進行改善是需要的。

　　上述步驟在品質管理的領域中稱為「QC 記事（QC story）」或「問題解決 QC 記事」。步驟的區分取決於書籍有若干不同,但本質上卻是上述的步驟。另外以 TQM 為範例在美國發展的六標準差,以 DMAIC 如表 1-2 所示的改善步驟加以提示,基本上與剛才的步驟是共通的。從這些來看,先前的步驟對改善來說,泛用性相當高。

QC Story 中文譯名 QC 改善歷程,此處稱為 QC 記事,為日科技連所發展的解決問題手法。當初很多日本企業進行品管圈（QCC）改善品質活動完成後,企業鼓勵品管圈將改善活動程序歷程加以發表,並進行交流改善經驗,藉此發表以肯定與鼓勵品管圈繼續持續活動。後來按照解決問題的步驟順序做成改善報告書就被稱為 QC Story。

1-5-2　在改善的規模上探討方式是不同的

改善如下：

(1)以既有的系統爲前提，踏實地獲取成果。

(2)不以既有系統作爲前提，利用大規模的變更以較大的成果爲目標，依規模的大小，探討的方式是不同的。

以 (1) 型的例子來說，可舉出像大飯店的服務品質，如使用既有的飯店設施以變更人員配置、或改訂待客手冊等，透過略微地下功夫或變更教育方式去進行改善。另一方面 (2) 型是利用大飯店本身的革新，以創出新顧客爲目的。

表 1-2　改善的步驟名稱

步驟	其他書籍所使用的名稱	6 標準差的名稱
(1) 背景的整理	選定主題的理由、背景整理	Define（定義）
(2) 現狀的分析	現狀分析、現狀掌握	Measure（測量）
(3) 要因的探索	解析	Analysis（解析）
(4) 對策的研擬	對策研擬、對策	Improve（改善）
(5) 引進與維持	對策的引進、標準化、防止、今後課題	Control（控制）
改善的步驟依書籍而有不同，但本質上的流程是相同的。		

這些例子可以了解到，(1)、(2) 如以改善規模來看是連續性的，以部級來看時，雖然是新的系統，但在組織全體中只是一部分改變而已，可想成是既有系統的變更。像這樣，新系統或是既有系統是取決於看法。

以既有系統爲基礎考慮，適合穩健且不以相當大水準之成果爲目標，相對地基於新系統的建構進行改善，即爲高風險高報酬的改善。此外愈是大規模，愈需要準備周到與大量資源，亦即大幅改變既有系統或建構新系統時，需保持更廣的視野，並就許多地方進行檢討。

以既有系統爲前提進行改善，以及將新系統的建構也放入視野進行改善的情形，將這些步驟的要點、相異點加以整理，表示在表 1-3 中。基於既有系統的改善步驟稱爲「問題解決 QC 記事」，考慮新系統以大幅改善爲目的進行的步驟則稱爲「課題達成QC 記事」，兩種說法以茲區別。考慮新系統的步驟是強調以下幾點：

(1)基本上是共通的步驟。

(2)建構新系統時具有廣泛的觀點。

關於這些詳細情形，容於下章後說明。

表 1-3 考慮新系統大幅改善時的要點

步驟	以既有系統為前提之改善	也考慮新系統的大幅改善
(1) 背景的整理	整理目的、應投入資源、日程等	考慮新系統時,規模也變大,預測變得困難
(2) 現狀的分析	澈底調查現狀	現狀分析時,判斷以既有系統是否能達成目的,針對有類似機能的系統現狀進行分析
(3) 要因的探索	探索問題的原因	不僅是既有系統中結果與要因之關係,對新系統也考慮要因
(4) 對策的研擬	基於所設定的假設訂定對策	在建構新系統時,將該系統具體呈現
(5) 效果的驗證	驗證對策的效果	除了驗證效果外,也綿密地檢討新系統的波及效果
(6) 引進與維持	將對策引進現場	更綿密地進行標準化、教育等

考慮新系統時,步驟的構造雖然相同,但從更廣的觀點考察系統案,探索要因,檢討引進及波及效果。

1-6 有關手法的全貌

　　就各個步驟來說，除了目的外有許多有助益的手法。本書目的是介紹這些手法的概要。圖 1-9 是將改善的各步驟中常用的手法加以整理。在此圖中被揭載的手法並非只能在各自的步驟中使用幾乎所有方法可在數個階段中加以利用。譬如統計圖（graph）不管在哪個階段均能有效果地被使用，不妨將它想成是應用的參考指標。

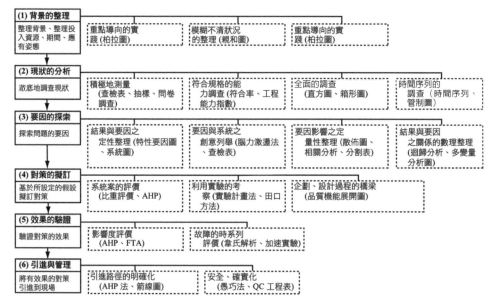

圖 1-9　改善的步驟與手法的全貌

第2章
背景的整理

本章内容

2-1 目的

2-1-1 「背景的整理」是做什麼

在改善的最初步驟「背景的整理」階段中，要查明：

(1)改善的需要性。

(2)原本應有的姿態。

(3)改善的規模。

(4)投入的資源。

(5)日程等。

在此階段就改善的對象來說，為何需要改善應使之明確。譬如市場中產品的品質競爭激烈化，因之才要改善嗎？或是為了降低成本？等其原因需適切地討論。一般在進行活動時，忘記「為什麼」從事該活動，只集中在「如何」進行活動而迷失方向的情形也有。為了避免此種事態，事先弄清楚是為何從事改善，並在此階段使原本應有姿態明確。譬如對新產品來說，為確實滿足規格，變異應在多少程度之內，加工精度要決定在何種程度才好等，諸如此類可舉出許許多多。

改善的規模、投入的資源也要事先決定。譬如考慮大飯店的改善時，其櫃台的應對以期有成果時，是以既有系統作為前提呢？或者包含大飯店的改裝在內，全面性翻新去考慮新系統的建構呢？等均要事前決定好。

此外將可能投入的人、物、錢、資訊等經營資源，為了專案的進行要配合日程予以決定好。當然正確的預測是不可能的，經營資源與日程大略是多少，均可事先決定。

這些決定也可以說是改善範圍的決定。事先決定改善的範圍是依據以下的理由：進行改善時，當預算、人力資源超出預期，必須改變方向，雖然不改變方向也行，但不管如何綿密地事前擬訂計畫，也仍有可能不如預期。

最壞的情況是結果並不理想，因之不斷地投入資源或延誤中止，只有使投資變得膨大。為了避免此事，要有效地進行改善活動，此外也需要事先決定好，投入到何種程度仍不行時就放棄。

2-1-2　為了大幅地改善

　　無法以既有系統作爲前提，或需要建構新系統大幅地改善時，改善的步驟也是有效的。在改善的步驟中，也考慮到新系統的建構，對於以大幅改善爲目標時，需要拓展視野準備周詳地從事活動。

　　在背景的整理階段方面，應做的事項與以既有系統作爲前提的改善，雖然並無甚大的不同，但對此要更正確地、仔細地決定與評估。亦即以大幅改善爲目的或建構新系統時，要正確地評估改善的需要性與原本的應有姿態，以及仔細地決定改善的規模、投入的資源、日程等。在以下的步驟中，由於是依據現狀與原本應有姿態之差距建構系統，因之從此意來看，也有必要更正確地評估原本應有的姿態。

　　以小幅改善爲目標時，既有的系統成爲默認的前提，此對活動本身來說帶來某種程度的防止效果，因此持續投入資源最終失敗的最壞可能性也不會那麼高。另一方面以大幅改善爲目的，不以既有系統爲前提考慮新系統時，會變成何種程度的規模並無頭緒，一旦查覺成果並未出現卻從事了莫大的投資，因而演變成最壞事態的可能性也有。爲了避免此事發生，事前要決定好改善的範圍。

2-1-3　工具的全貌

　　在背景的整理階段，主要的著眼點是改善的規模、前提條件、範圍、應投入的資源、應有的姿態等明確化，此並無特別的專用手法，視需要使用適切的手法即可。此階段的著眼點寧可放在要做成何種的改善專案，以及什麼不行時是否要放棄等決定，因之定性的檢討即爲中心。並且在定量的檢討上，首先基礎的累計方法也很重要。

　　本章中介紹利用數值型資料以進行重點導向所需的「柏拉圖」，以及整理茫然不清的狀態所需的「親和圖」。另外以基礎的累計方法來說，像「平均」、「標準差」等定量性資料的整理方法也一併介紹。

2-2 以重點導向來進行

2-2-1 柏拉圖

1. 發現重要度高的項目

柏拉圖是將服務的客訴或產品的不合格項目,按出現次數的多寡順序排列,以顯示哪一個項目出現最多,應將重點放在哪個項目才好的示意圖。此工具的基本即為 vital few 與 trivial many,亦即重要的項目占少數,不重要的項目占多數的一種想法。

柏拉圖(Pareto)是義大利經濟學者的姓名,其考察貧富分配時,發現許多的財富似乎由少數人所寡占,財富的分配形成不均。朱蘭(Juran)博士指出此想法對於品質的問題也是一樣,在各種品質問題中,重要性較高者占少數,從此即被用來作為以品質為中心的改善。

在某鍍金的製程中,就新契約內有關電鍍處理來說,其產出被要求必須「電鍍沒有剝落」、「沒有露出」、「膜厚在一定範圍內」、「無傷痕」、「鍍金沒有過度殘留」等。使用既有的設備、標準,進行150個鍍金處理,並調查其產出情形,結果未滿足膜厚要求的產品有66個,出現剝落有23個。將此作成柏拉圖予以整理,如圖2-1所示。

在此圖可得知未滿足膜厚要求、出現剝落情形是主要的品質問題,此兩者占全體不良約70%,可以判斷此等問題的對策是被期待的。

如圖所示,柏拉圖是將客訴的出現次數等結果性指標取成縱軸,客訴的項目取成橫軸。此時橫軸的項目是按出現次數的多寡順序排列,且通常將歸納幾個項目後的「其他」畫在最右端。以結果系的指標例來說,有「浪費的成本」、「失敗數」等。另外以指標的出現區分來說,有「品質問題的種類」、「製程」、「時間」等。

接著基於出現次數來描繪累積曲線。在圖2-1累積曲線中,在右側軸上記錄其數值,如果這些項目均是相同數字時,累積曲線與連結左下角與右上角的直線一致,換言之偏離此直線則表示不均衡。

2. 柏拉圖活用的要點

柏拉圖是否為有效的圖,取決於「縱軸的設定是否妥當」、「橫軸的區分是否妥當」。柏拉圖的縱軸可使用不良的出現次數或浪費的成本,因為是鎖定問題焦點的手法,所以使用直接表示結果好壞的指標是較好的應用方法。

並且對橫軸而言,需要使區分形成相同的比重。譬如為改善大飯店的服務,考慮將客訴件數當作縱軸的柏拉圖,接著以橫軸來說,當作「櫃台」、「客房」、「餐廳」等時,哪一個領域的客訴最多即可知曉,同時也可知應採取對策的部門。另一方面,像「櫃台A」、「櫃台B」、「櫃台C」、「客房」、「餐廳」等只將櫃台細分化時,平衡即變差。亦即橫軸的項目需要採相同的比重。

　此外不僅柏拉圖，對於類似此種累計來說，可一概而論的是每一件客訴的重要度均是一樣的，此為前提所在。譬如餐廳中關於食物中毒的客訴，儘管只有一件仍應優先解決，如只當事件一件，就會忽略問題。

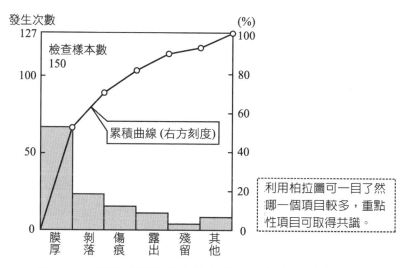

圖 2-1　有助於重點導向的柏拉圖：電鍍不合格品例

2-3 整理茫然不明的狀況

2-3-1　親和圖

1. 將片斷的資訊根據類似性加以整理

所謂親和圖是將片斷被記述的資訊，根據其具有的類似性按階層、視覺的方式去歸納的方法，問題的構造即可明確整理。什麼是服務不佳呢？將它以定性的方式整理時，親和圖是很有幫助的手法。支持此方法的想法是「階層式整理」、「根據類似性整理」。就大飯店的服務改善來說，將目前所提供的服務不佳之處以親和圖整理，如圖 2-2 所示。在此圖中，將類似的資訊放在一起予以整理，並找出對於相互的資訊來說，何者是上位概念、一般性的表現呢？在此可用四方形圍起來表示。

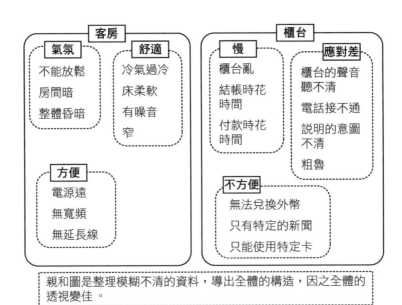

親和圖是整理模糊不清的資料，導出全體的構造，因之全體的透視變佳。

圖 2-2　以類似性最能透視全體的親和圖：整理大飯店中顧客心聲的例子

2. 親和圖的活用例

某大飯店依據來自顧客的意見調查、從業員的過去經驗，蒐集許多有關提供服務的事實，其中也包含櫃台應對不佳視爲不明的資訊，以及櫃台無法兌換美元等。透過親和圖將這些所列舉的資訊加以整理。

親和圖是從階層、類似性整理原始的資訊。在客房服務中，「電源太遠」或「沒有延長線」是方便使用客房，在意義上是相似的，且兩者是表現客房方便的具體要求，因此「便利性」此階層爲表示這些要求的上位概念。

　　親和圖是將階層相同且相似者放在一起當作一束來提示，接著從階層、類似性分成幾束來製作。在圖 2-2 大飯店的例子中，「氣氛」、「方便」、「舒適」可視為它們的上位概念，意即「客房」的要求而形成一束，並且以同方法對櫃台而言也同樣製作。將上述製成親和圖時，原本模糊不清或上位概念等不明資訊，從階層類似性來整理，對象的洞察就變得一清二楚。

3. 親和圖活用的重點

　　第一個重點是階層的整理。就大飯店服務來說，假定從顧客傳來的兩個心聲即「櫃台的應對不佳」、「忘記顧客對客房服務的請託」。「櫃台的應對不佳」是將「忘記顧客對客房服務的請託」一般化表現，後者也可作前者的具體例來掌握。像這樣片斷性所得到的資訊，它們的階層並不一定是一致的，因此為適切活用，腦海中需要充分記住資訊的階層。

　　第二個重點是如何發現類似性。以先前的大飯店例子來說，「忘記顧客對客房服務的請託」與「所請託的延長線慢了拿來」，從「櫃台應對」的意義來看是類似的，另一方面，「客房服務」與「延長線」若從顧客請託此點來看，則是不同的資訊。

　　要如何定義階層、類似性，簡單地說就是「要能清楚洞察對象」。因之與成為改善對象的流程緊密結合來考慮是很重要的。同大飯店的例子，如考察顧客利用大飯店的流程時，可想到櫃台、客房、餐廳⋯⋯等。像這樣考量服務的流程時洞察即變佳，改善相對變得容易。

2-4 定量性地整理

2-4-1 利用平均、標準差來檢討

當蒐集所有測量的數據時，首先利用圖形等來表現數據以探索表徵，同時也計算平均與標準差等統計量，定量地整理並客觀地表現。以定量的方式整理的觀點有許多種，當蒐集像重量、長度等量數據時，首先從「中心位置」、「變異大小」的觀點來整理。

1. 平均、標準差的活用例

表示數據的中心位置經常使用「平均值」，表示數據的變異程度則常用「標準差」。像父親的身高與孩子的身高此種「成對」數據的情形，經常使用相關係數。除此之外也有許多方法，詳細情形參閱第二篇的統計方法，以下考察基本的統計量。

圖 2-3 是從 8, 13, 11, 9, 7, 12 等 6 個數據計算平均。如報紙上經常有「○○的平均是多少」的敘述，在日常生活中經常加以使用。計算過程如圖 2-3 所示，將數據的總和除以數據數，是非常容易理解的。

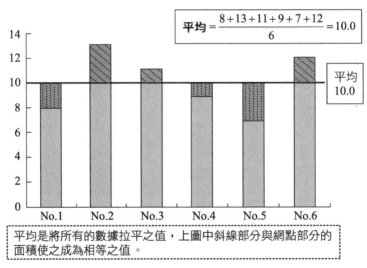

平均是將所有的數據拉平之值，上圖中斜線部分與網點部分的面積使之成為相等之值。

圖 2-3　定量地測量數據的中心位置即為平均

標準差是表現變異。從字面上去了解標準差並不易，但分成「標準」的「偏差」就變得容易理解了。如圖 2-4 所示，所謂「偏差」是表示數據的中心與各個數據之差。今有 6 個數據，所以有 6 個偏差。此處的「標準」，其意義與標準大小等意義是相同的，是指「平均」之謂，由以上來看，標準差即為偏差的平均大小，只是偏差以和計算有時成為零，因之改採以偏差的平方和來計算。

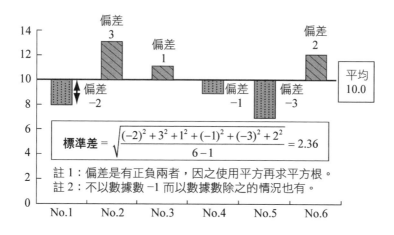

標準差是上圖中求出偏離平均之差 (偏差) 的標準 (平均) 長度。

圖 2-4　定量地測量數據的變異大小即為標準差

2. 平均、標準差的活用要點

　　如活用標準差時，對數據的理解更可加深一層。像報紙上「○○歲的平均薪資是 ×× 萬元」其基於平均值來記述的情形，但事實上認為「這畢竟是平均，實際上是有 變異的」的人也很多，有此種看法是非常正確的。標準差是以定量的方式表現此變 異。

　　如應用數據分析常用的常態分配理論時，「平均 ±1× 標準差」之間占全體的 70%，「平均 ±2× 標準差」時是占 95%，接著「平均 ±3× 標準差」時幾乎包含全部 的 99.7% 的數據，此概要表示在圖 2-5 中。

　　像健康診斷設有如在此範圍即可放心的正常範圍，這是利用常態分配的理論加以計 算的。亦即蒐集許多被視為正常人的數據，由此計算平均與標準差，接著計算「平均 ±2× 標準差」的區間，根據此決定正常範圍。如此一來正常人的 95% 是落在此區間， 因之成為落在此範圍即可放心的大略指標。

　　又像考試經常使用的「偏差值」，考試的原來分數依科目平均有大有小，或者變異 有大有小，為了將它統一化而加以使用。具體言之使偏差值的平均成為 50，標準差 成為 10，將原來的數據如此進行變換，如此一來應用先前的常態分配理論時，偏差 值在「40～60」之間約占全體的 70%，「30～70」約占全體的 95%，「20～80」之 間約占全體的 99.7%。

　　另外國人成年男性的身高其標準差是多少呢？這雖然是大略的推測，但被認為是 5 cm。國人成年男性的平均身高大概是 170 cm，如觀察我周遭的人，超過 180 cm 或低 於 160 cm 的人，大約是占全體的 5%。

　　像健康診斷、偏差值等為了評估身邊事物的變異大小，說明其背後使用標準差的理 由，那麼是否已可以定量性感受變異的大小呢？

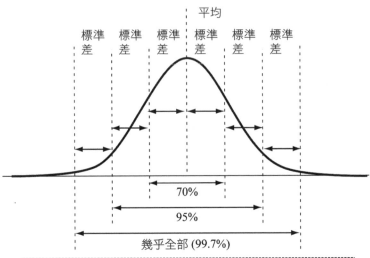

平均

標準差　標準差　標準差　標準差　標準差　標準差

70%

95%

幾乎全部 (99.7%)

理解標準差的性質時，能預測數據出現的範圍等，可以直覺地掌握變異的大小。

圖2-5　標準差的方便性質

偏差值是一種利用標準分數的數值，一般用於衡量升學時受驗學生的分數排位。排名正好位於50%位置的學生偏差值定為50。偏差值越高，表示學生的分數排位越靠前，越容易進入好的學校學習。研究所（大學院）的錄取因普遍與導師意向關係較大，一般沒有偏差值。

通常以50為平均值，75為最高值，25為最低值。偏差值大於50，屬於較好成績。

通常以50為平均值，75為最高值，25為最低值偏差值大於50，屬於較好成績。

$$偏差值\ T_i = \frac{10(x_i - \mu_x)}{\sigma_x} + 50$$

上式中

$$\mu_x = \frac{1}{N}\sum_{i=1}^{N} x_i$$

$$\sigma_x = \sqrt{\frac{1}{N}\sum_{i=1}^{N}(x_i - \mu_x)^2}$$

N：總樣本數，x_i：單個樣本值，μ_i：樣本平均，σ_i：標準差。

第3章
現狀的分析

本章内容

3-1 目的

3-1-1 「現狀分析」是做什麼

在「現狀分析」的步驟中，澈底地調查現狀，亦即「查明 What」，在接著「要因探索」的階段中，思考為何會變成如此現狀，亦即「思考 Why」。以尋找犯人作為比喻，此階段的目的是澈底調查現場所殘留下來的狀況等，另一方面尋找犯人的線索、調查不在場證明，則是其次的步驟。

改善的步驟中，將焦點鎖定在現狀，再澈底調查處於何種狀況具有如此特徵。如第8章中所介紹的改善實踐實例中的說明，一般影響結果的要因有無數之多。譬如電鍍膜厚的情形，電鍍過程的作業環境、電鍍原料、電鍍槽的狀況等許許多多；或者像大飯店的服務，「改善服務品質」如此籠統的說法，就出現許多的備選案，也無法適切採取對策。因此，首先要調查結果在目前是處於何種狀態。

電鍍膜厚不符合規格，可以想到如圖 3-1(a)「慢性」發生、或是如圖 3-1(b)「突發性」發生等情形。如果是慢性發生的情形，可認為是每日工作的作法不佳，要著眼於每日工作的作法進行改善，另一方面如果是突發性出現電鍍的不合規格時，就要以出現不合格規格的特定日作為線索思考對策。亦即取決於結果成為如何，往後的應對就有所不同。因之在此步驟中，要澈底地調查現狀是如何的不妥，要因的探索就會變得容易，此與全面性調查犯罪現場所留下的證物，限定犯人的範圍是一樣的。

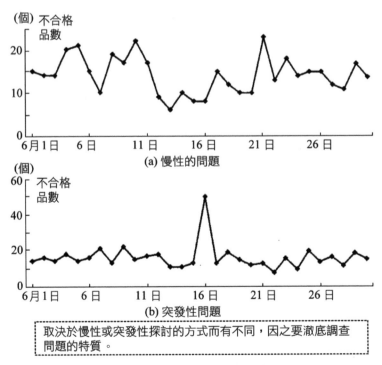

取決於慢性或突發性探討的方式而有不同，因之要澈底調查問題的特質。

圖 3-1　慢性問題與突發性問題例

3-1-2　為了大幅改善

在考量大幅改善方面，需要檢討是使用既有系統呢？或者考慮新系統呢？找出原本應有的姿態與現狀的差異，如果此差異很小時，使用可期望獲得踏實成果的既有系統即可，另外如差異甚大時，為了完全改變作法，有需要引進新的系統，此概要如圖3-2所示。

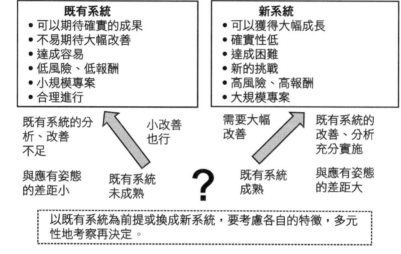

圖3-2　既有系統或新系統的判斷

譬如從台北總公司到台中分公司，現狀有捷運、高鐵、巴士等共花2時10分，如要縮短20分左右，則可利用轉乘或在接送方面下功夫以實現。此時，以既有的高鐵為基礎考察移動，若可應用過去的搭車技巧就很方便。

可是如考慮1小時內到達則高鐵是不可能的，需要檢討其他交通工具，亦即從利用高鐵作為基礎的系統，改變成新系統是有必要的。此種判斷在於平常搭乘過的體驗。半導體工廠在某一定期間內要更換製造裝置，是因既有裝置的改善雖有所實施，但從某階段起，在技術上被認為出現不可行的瓶頸所致。

在既有系統上進行，改善的變更時間也少，成功機率也較高，相對地大幅改善就變得難以期盼，另一方面新系統的建構，成為高風險、高報酬。如何判定在既有系統上進行改善或建構新系統呢？找出在既有系統上進行的優點、缺點後，從綜合的觀點來判斷。

　　另外，涉入新產品領域時認爲完全沒有既有的系統，這在邏輯上雖然有可能，但實際上是不可能的。譬如過去生產汽車的公司爲擴大銷貨收入，儘管涉入餐飲事業，但是像銷售網的充實、機器的共同性等，其某處仍有共同的系統。因此並非因爲是新的領域，過去的知識則不能使用就認爲無法預測，適切地找出共同且類似的部分等，預估作成新系統的效果，再考量是否要採行既有系統或新系統。

3-1-3　工具的全貌

　　現狀的分析其目的是澈底調查結果變成如何，因之要觀察與結果有關的數據全貌，按時間序列地觀察並層別看看，藉以擬定介紹相關手法。此處列舉的手法是比較泛用性的，譬如趨勢圖等圖形，在其他的步驟中也經常使用。

提出改善主題之後就要設定改善目標值及達成期限，在決定目標值及達成期限前，必須做好現況分析，而這若要完全靠經驗是不夠的。

現況分析最大的要點，除了經驗之外，還要到「現場」將「現物」做「現狀」的觀察，並以原理、原則爲基礎，將事實的基本數據加以客觀性的系統分析，以確定重點所在。

1. 現場

    不要只坐在辦公室決策，而是要立即趕到現場，奔赴第一線。現場是生機勃勃的，每天都在變化，不具備正確的觀察方法，你就沒法感覺它的變化，包括異常。

2. 現物

    管理最重要的概念是「應以事實爲基礎而行動」，解決問題是要找到事實眞相。因爲眞理只有一個，最通用的方法是「到問題中去，並客觀地觀察其過程」。

    觀察你看不到的地方，這時，事實將出現。要發現其變化的原因，仔細觀察事實。當你這樣做時，隱藏的原因將會出現，這樣做，可以提高你發現眞相的能力。

3. 現實

    解決問題需要你面對現實，把握事實眞相。我們需要用事實解決問題，而事實總是變化無常的，要抓住事實就要識別變化，理想與實際總是有很大的差距。

    很多問題如果我們不親臨現場，不調查事實和背景原因，就不能正確認識問題。爲什麼會發生那樣的問題呢？我們要多問幾次「爲什麼」，並對「現物」、「現實」進行確認。

4. 原理、原則

    這是指每人心中的衡量尺度，爲什麼一定要有尺度呢？因爲每個人都有每個人的判斷標準，而這樣會有問題，可能工人認爲這個沒問題，於是就產生了矛盾，如何解決矛盾就必須要有共同的「原理」和「原則」。

3-2 積極地確認事實

本節介紹的查檢表、抽樣、問卷調查，於確認事實後再銜接現狀分析時是很有效的。查檢表是為了容易蒐集數據所使用的工具。抽樣是考量要用多少程度的數量來蒐集數據而提供的指標，為了從少數的數據考察全體而提供判斷的基礎。此外，問卷調查是蒐集較為多量的數據，有助於考量現狀的評價。

3-2-1 查檢表

1. 確實蒐集數據

所謂查檢表 (checklist) 是為了在日常業務中蒐集數據，經種種設法使之可確實蒐集的表格。查檢表並無固定的格式、製作步驟，需要下功夫使之能正確決定應測量的項目乃正確地被測量。

2. 查檢表的活用例

在某電鍍過程所製作的查檢表例，如圖 3-3 所示。在此電鍍處理過程中，於電鍍處理後確認檢查品質，此檢查為能一目了然地知道這些記錄方法，要事先決定好查檢表上的紀載事項。

3. 查檢表的活用重點

為製作有效的查檢表，首先要使應測量的項目明確。在先前的例子中，產品的規格是針對電鍍膜厚、電鍍的剝落等予以設定，因之查檢這些是非常重要的，故將它們當成測量項目。

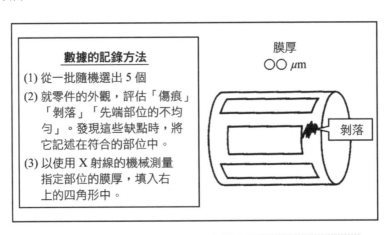

圖 3-3 積極蒐集數據的查檢表：電鍍零件例

因此問題的解決，也必須要落實豐田式生產管理中的「三現」主義。所謂的「三現」指的是現場、現物、現實，就是說當發生問題的時候，不去臆測而是管理者要快速到「現場」去，親眼確認「現物」，認真探究「現實」，並據此提出和落實符合實際的解決辦法。三現主義流傳多年之後，由日本京三電機公司前社長古火田友三加以演繹，增加評估事物的「原理」與「原則」，合稱為「三現兩原」，原理是指「普世認同的根本性道理」，亦即企業在處理事務時所秉持的理想和信念。原則即為「相關的基礎知識或專業技術」，例如科技、工法、章規等施作上的規範。

　　其次，為能確實蒐集數據使之容易記錄，且不妨礙日常業務下，因之要對查檢表的設計下一番功夫。讓實際使用查檢表的人試用看看，探索最適合的設計是可行的作法。

　　最後的重點是即使是服務方面也能活用。利用查檢表蒐集數據，能在各種現場中應用，且其適合於掌握出現何種程度的數目。

3-2-2　抽樣

1. 表現數據的蒐集步驟

　　蒐集數據之際，無法針對所有的對象進行測量時，可以只以部分為對象進行測量，此稱為抽樣（sampling）。為了提出留學計畫，考慮留學者數名針對實際情況進行面談時，面談的對象即為所有考慮留學者的一部分而已。蒐集數據的對象稱為樣本（sample），選擇此樣本的行為稱為抽樣。

　　抽樣手法是指決定如何蒐集樣本，然後要蒐集多少樣本。對前者來說，譬如考慮希望留學者要分成男性、女性呢？或者不區分性別進行抽樣呢？基本上是採隨機抽樣。另一方面對後者來說，使用統計理論可以知道需要抽取多少的樣本。

2. 抽樣的活用例

　　以抽樣調查來說，電視的收視率調查非常有名，這是想調查全國觀看某節目的比率。由於調查所有的住戶甚為困難，因之調查一部分的收視率，而後估計全國的收視率。

　市場研究公司 Video Research 進行收視率調查的作法是針對數百住戶進行調查。此時的誤差如依據統計理論來考察時，若全國有 20% 的人在觀看某節目時，300 家住戶的調查其誤差範圍在 5% 左右，因此在 0.1% 水準下收視率是上升或下降是沒意義的。如想設定在 0.1% 時，則需要以 50～100 萬的單位來增加住戶的調查。

3. 抽樣活用的重點

　抽樣的基本是隨機蒐集樣本，隨機抽樣也是應用統計理論的條件。譬如調查進廠的布料，只以一部分調查也不能說是調查所有的布料。無法從全體隨機抽樣時，也有從一部分隨機選出的方法，且抽樣可得知需要的數據個數。「像這樣，以少數的數據就行嗎？」具有此種疑問的情形也不在少數，針對此可以提供定量上的解答。

3-2-3　問卷調查

1. 蒐集大量的意見

　所謂問卷調查是針對有興趣的對象，分析其問卷上的回答，調查現狀與期望等方法。在顧客滿意度調查上經常使用問卷調查。進行調查時要設法使問卷容易回答，並要擬訂調查的計畫，使解析的精度足夠是很重要的。

2. 問卷調查的活用例

　某旅館的顧客滿意度調查表案例如圖 3-4 所示，此目的是針對大飯店所提供的服務，調查滿意與不滿意的部分，有助於滿意度的改善。調查問題是根據大飯店投入且認為重要的服務來決定。

3. 問卷調查的活用要點

　在進行問卷調查時，使調查目的明確是很重要的。問卷調查最擅長的地方是數目的調查，像是 A 與 B 哪一個意見支持的人數多等。另一方面，不拿手的地方像是有何種的要求等探索，儘管設置有「其他」欄可自由回答，也仍無法期待有意義的答案。

想知道如何進行問卷調查？以下是您需要做的 4 件事情：
1. 問問自己為什麼要發送這份問卷
2. 確定目標受訪者的人口統計資訊
3. 確定您需要的受訪者數量
4. 選擇合適的時機發送您的問卷

　　此次承蒙利用本飯店非常感謝，為提高本飯店服務一環，請回答以下問題。所回答的資料僅供提本飯店的服務，決不用於其他的用途。請協助填答。

1. 請告知此次住宿的目的？
　(1) 工作　　　(2) 度假　　　(3) 其他（　　　　　　　）

2. 關於櫃台的服務，您認為如何？
　(1) 滿意　　　(2) 尚可　　　(3) 不滿意

3. 房間能感到放鬆嗎？
　(1) 可以　　　(2) 難說　　　(3) 不能

4. 客房服務您覺得如何？
　(1) 滿意　　　(2) 很難說　　　(3) 不滿意　　　(4) 不想利用
　　⋮

8. 下次來此地時，您還會再利用嗎？
　(1) 會　　　(2) 不知道　　　(3) 不會

謝謝您的協助

有關產品品質、服務品質的顧客滿意度調查，成為今後改善的線索。

圖 3-4　大飯店的顧客滿意度調查中的問題例

　　想以何種程度的精度獲得資訊呢？充分斟酌後再擬訂計畫是需要的。如果是籠統的結果，以少數的調查即可解決，若想要正確調查則需要多數的調查。進行顧客滿意度調查時，設置與全體滿意度有關的問題以及與各部分有關的詢問項目是很有效的。這是為了調查要讓全體滿意度提高，應使哪一部分的滿意度提高為宜的一種方式。

3-3 調查符合規格的能力

3-3-1 合格率

1. 測量對規格的符合性

譬如從○克到×克的範圍內，利用產品規格等設定產出結果應滿足的範圍時，在表現結果的好壞上，經常使用滿足此範圍的比例。此比例是以符合規格的合格率、良品率等名稱來表現。這些在直覺上非常容易理解，許多情形經常加以使用。

2. 合格率的活用例

對麵包來說，假定有從 102～108 克範圍的要求。某個月全部生產麵包 2,000 個，其中落入所設定範圍共 1,960 個，由於 1,960÷2,000 = 98%，因之合格率是 98%。在其他月分中，3,000 個內有 2,970 個落入此範圍時，合格率是 99%，故可知合格率上升 1%。

3. 合格率的活用重點

合格率依數據的多寡，它的精度即有所不同，蒐集大量的數據時還算可以，但少量數據時數值即有變異。譬如 50 個中有 48 個合格時，合格率是 96%，當 49 個合格時，合格率是 98%，偶爾因 1 個是否合格，結果合格率就有 2% 的改變。

3-3-2 工程能力指數

1. 評估製造出良品的能力

由於像重量之類的連續數值，因評估滿足何種程度的要求所使用的指標即為工程能力指數。工程能力指數有許多種，但基本上是利用規格等要求範圍與實際變異之比率來表示。

2. 工程能力指數的活用例

圖 3-5 說明某麵包生產製程中，其得出的工程能力指數的計算例。麵包的重量規格從 102～108 g 另一方面此製程的標準差是 2.07 g。如圖 3-5 所示，此利用規格與數據出現的範圍之比率來計算工程能力指數。數據出現的範圍，依據先前所示之常態分配的性質，是以標準差的 6 倍求之。

此指數如比平常 1.33 大時，所要求的範圍因比實際的範圍大而具有寬裕，因之判斷足夠。另一方面，此值如是 0.5 左右時，即判斷不足。

3. 工程能力指數的活用重點

　　圖 3-5 中所表示的工程能力指數，是只從變異的資訊評估製程，也有考慮平均是在多少附近的工程能力指數，使用哪種型式的工程能力指數才適切呢？需要事先考慮好。

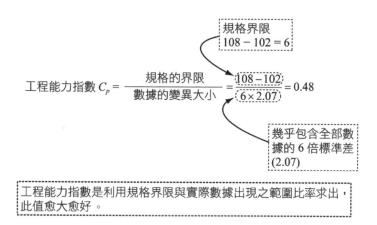

規格界限
$108 - 102 = 6$

工程能力指數 $C_p = \dfrac{\text{規格的界限}}{\text{數據的變異大小}} = \dfrac{108 - 102}{6 \times 2.07} = 0.48$

幾乎包含全部數據的 6 倍標準差 (2.07)

工程能力指數是利用規格界限與實際數據出現之範圍比率求出，此值愈大愈好。

圖 3-5　將對規格的適合與否以定量方式評估的工程能力指數

3-4 調查的全貌

3-4-1　直方圖

1. 以圖表現數據的出現

　　直方圖是根據重量、長度之類的連續量數據，表現它們是形成何種分配的圖形。圖 3-6 是麵包的重量數據直方圖。(a) 7 月分麵包的重量從 99～112 克的範圍中呈現變異著。橫軸的最初區間是 99 克以上 100 克未滿，其次的區間是 100 克以上 101 克未滿，以下的區間也順次同樣加以定義。另一方的縱軸是次數。以 7 月分來說，99 克以上 100 克未滿有 3 個數據，其中 105 克以上 106 克未滿的出現次數最多，有 36 個出現在此區間中。當作成直方圖時，列舉的問題變得明確，成為解決問題時的極大線索。

2. 直方圖的活用例

　　在圖 3-6 中，(a) 7 月分因管制不足所以變異甚大，故發生不合規格的情形。另一方面 (b) 10 月分變異變小，並未發生不符規格的情形。此變異變小的情形，是比較直方圖即可得知。

3. 直方圖活用的重點

　　第一個重點是考察數據被蒐集的背景。圖 3-6(a)、(b) 的直方圖均形成吊鐘型。吊鐘型的數據分配，通常並無特別異常的處理，而是相同的處理時所出現的。因此從圖 3-6 的 (a)、(b) 來看，7 月、10 月在各自的月分內均從事相同的作業，如比較 7 月與 10 月時，可以解釋作業的作法已有改變。

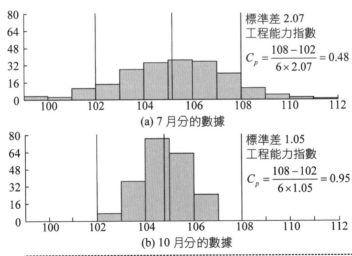

標準差 2.07
工程能力指數
$$C_p = \frac{108 - 102}{6 \times 2.07} = 0.48$$

(a) 7 月分的數據

標準差 1.05
工程能力指數
$$C_p = \frac{108 - 102}{6 \times 1.05} = 0.95$$

(b) 10 月分的數據

直方圖對於大量的數據是如何地出現，有助於以視覺的方式掌握。

圖 3-6　表現數據之概況的直方圖：麵包重量例

　　對數據來說，除此之外的分配也有許多。圖 3-7(a) 中，數據只出現在某個範圍內，這可想成在出貨時，針對所有的麵包先進行重量檢查，去除不合規格的麵包後再出貨。

　　又 (b) 是出現幾個偏離的數據。這可想成幾乎是依照標準進行作業，但有幾個是從事者異常的作業。譬如對麵包的烘焙時間，通常是依照標準從事作業，但只有幾天烘焙時間比標準時間短，水蒸氣的蒸發不足而變重等，可以認為是原因所在。

　　另外 (c) 是如有兩台烘焙機，此兩者的產出有所不同，母體可認為是由此兩者所形成。如得出此種直方圖時，要探索母體形成兩個的理由，此乃是改善的法則。

　　第二個重點是繪製直方圖時的數據個數。直方圖是大約由 100 個以上的數據來觀察分配概要的手法，並非仔細觀察每一個數據，而是觀察一組數據的手法。若為少數的數據時，使用單純的點圖、箱形圖是適切的。

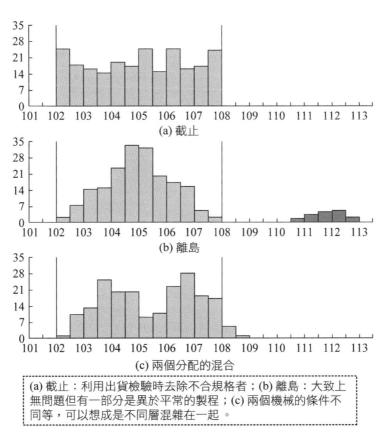

(a) 截止

(b) 離島

(c) 兩個分配的混合

(a) 截止：利用出貨檢驗時去除不合規格者；(b) 離島：大致上無問題但有一部分是異於平常的製程；(c) 兩個機械的條件不同等，可以想成是不同層混雜在一起。

圖 3-7　各種形狀的直方圖與所認為的原因

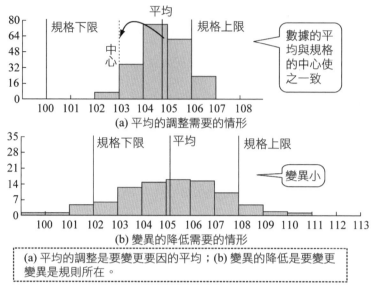

(a) 平均的調整需要的情形

(b) 變異的降低需要的情形

(a) 平均的調整是要變更要因的平均；(b) 變異的降低是要變更變異是規則所在。

圖 3-8　取決於數據的分配狀況應採取措施是有不同的

　　第三個重點是取決於直方圖的狀態，視需要改變行動。像圖 3-8(a)，需要採取對策使數據與規格的中心一致。另一方面像圖 3-8(b) 的情形，需要採取減少變異的對策。如第 4 章所述，平均的調整與降低變異的方法不同，因之在現狀分析階段，需要掌握直方圖的狀態。

3-4-2　箱形圖

1. 簡潔地整理少數數據的概要

　　所謂箱形圖是將數據的中心部分以「箱形」變異的程度用「鬚」表示，以此來調查數據分配狀況的手法。常用於如數據數目約 30 個左右，不像直方圖要蒐集甚多的數據，其方法非常有效。

2. 箱形圖的活用例

　　對大飯店顧客停留時間所表示的箱形圖，如圖 3-9 所示。此圖顯示變異的狀態是從 30 分～3 小時。

　　在箱形圖中的箱子是顯示包含有一半數據的中央區間。以此數據來說，從 80～115 分之間包含有中央的數據。其中「鬚」是表示是否有偏離值的指標，圖中數據被畫出 4 個點，這些均在「鬚」之外，所以看成是偏離值（outlier）。

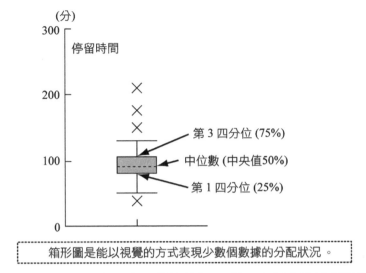

圖 3-9　以視覺的方式表現數據的箱形圖：大飯店的停留時間例

3. 箱形圖的活用要點

　　第一個重點是以掌握概要作為主體，並非正確調查其位置關係。要正確調查是使用檢定、估計此種統計手法。

　　第二個重點是數據個數。原理上雖然 5～10 個也可製作，但像此種的數據個數時，使用箱形圖反而會被迷惑，因之將這些數據直接描點較具效果。

3-5 時間序列的調查

進行改善時，如掌握結果的時間序列變動時，在鎖定要因上是很有效的。因之經常使用的時間序列圖、管制圖，如能有效活用，現象即變得容易觀察。

3-5-1 時間序列圖

1. 使傾向明確

時間序列圖是在橫軸取時間軸，縱軸取與對象有關的測量值，探索時間推移的傾向。其在新聞報紙上頻繁出現，在掌握改善線索時非常有幫助。

2. 時間序列圖形的活用例

圖 3-10(a) 是某運送公司的運送成本時間序列圖。由圖可知燃料費成本有上升趨勢，且從 2004 年 11 月起呈現急速上升。

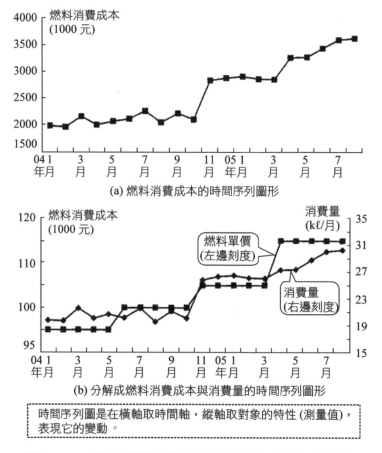

(a) 燃料消費成本的時間序列圖形

(b) 分解成燃料消費成本與消費量的時間序列圖形

> 時間序列圖是在橫軸取時間軸，縱軸取對象的特性(測量值)，表現它的變動。

圖 3-10　評估時間推移的時間序列圖：輸送成本例

　為了尋找原因，「燃料費成本」是「燃料單價」×「燃料消費量」，因之分解成各自的時間序列圖，結果如圖 3-10(b) 所示。圖中分別呈現「燃料單價」與「燃料消費量」，顯示先前的急速上升是因「燃料單價」上升與「燃料消費量」上升兩者所引起的。

3-5-2　管制圖

1. 判斷製程的安定

　管制圖（Control Chart）是加上「管制界限」的時間序列圖。在管制界限中如點的排列無習性時，即判斷製程是安定的。管制界限是用以判斷平常的數據，是否因誤差而出現變異。換言之，以統計的方式求出因誤差引起的變異，因其點溢出界外時，即判斷製程發生了什麼事。

2. 管制圖的活用例

　圖 3-11 是針對晶片製程的數據，顯示對規格而言其不良率的管制圖。由此可看出 7 月 25 日的不良率最高。故判斷此日有異常可以嗎？或者判斷偶然出現如此可以嗎？對此點來說如圖 3-11，在時間序列圖上加上管制界限後的管制圖，即能做到正確地判斷。

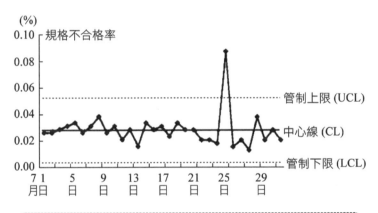

圖 3-11　電鍍工程中規格不良率的管制圖例

　如圖 3-11 當點出現在管制界限外時，判斷製程有異常故不良率有改變。另一方面，所有的點均無習性且描點在管制界限之間時，即判斷製程並無改變，偶然點呈現上下變動。

3. 管制圖活用的要點

　　管制圖在判定的是製程是否安定，並非表示是否處於理想水準，此點是需要記住的，譬如不良率 30% 的不佳水準也是安定的狀態。

　　因此是否安定與現狀是否理想的水準，有需要分別在此兩個側面上討論。在討論現狀的水準上，第 2 章所介紹的手法像工程能力指數是有幫助的。

管制圖是利用抽樣手法每隔一段時間間隔，持續地針對流程中指定的重要品質特性進行測定、記錄、評估並監督檢查其製程是否處於管制狀態內的一種統計手法。因為凡走過必留下痕跡，所以只要用「持續取樣」的結果就可以了解過去的製程痕跡以及水準，而且還可以預測製程未來的可能變化，並可以在產品品質即將超出規格界限成為不良品前，提早預警並採取預防措施，以避免不良品的出現而造成品質損失。

第4章
要因的探索

本章內容

4-1 目的

4-1-1 「要因的探索」是做什麼

在「要因的探索」步驟中，是考察結果如何地接近應有姿態。亦即基於現狀分析的結果，或是探索使結果變得理想的要因，或是建構新系統。

現狀中如出現慢性的不良時，因為是現狀的作法不好，所以著眼於平日的作法並探索要因。另一方面如只有特定日才發生不良時，將此特定日與平常日相比較，調查何處有異，鎖定不良的要因。以尋找犯人作為比喻時，「現狀的分析」是徹底地調查現場所殘存的遺留物或目擊者的證詞，相對地，「要因的探索」是從這些資訊去縮小嫌疑犯的階段。

「要因的探索」是依據現狀分析的結果，利用對象的知識，透過邏輯的思考以縮減要因。此時如能有效活用結果與要因的數據時，即可建立有關要因的假設。

4-1-2 為了大幅改善

以大幅改善為目標時，在要因探索之前新系統的建構也要列入視野中。譬如從台北總公司到台中分公司利用捷運、高鐵、巴士等要花 2 時 10 分，如必須在 1 小時內到達應如何才好呢？是利用高鐵前往呢？或是從松山機場到清泉崗機場以飛機來節省時間呢？或是搭乘巴士呢？為了大幅改善，像這樣放寬幾個前提條件擴充視野，需要考量以不同的系統來達成目的，本步驟是以更廣的視野來思考結果要以何種的要素來決定，並列舉出系統的創意。

4-1-3 工具的全貌

本步驟是使用可以探索結果與要因之關係的手法。此處所敘述的手法像「散佈圖」、「相關分析」、「交叉表（或稱分割表）」是以定量解析「結果」與「要因」的手法。另外像「特性要因圖」、「系統圖法」是定性的解析方法。

在考慮新系統的建構時，要建構何種系統才好呢？列舉系統方案是需要的。此系統方案基本上是根據應用範疇的技術來列舉，但以輔助此方案的方法來說，「腦力激盪法」與「查檢表法」是有幫助的。

Note

4-2 定性地表現結果與要因

要使結果理想，需要正確掌握結果與原因之關係。本節要介紹的「特性要因圖」、「系統圖」，在此定性的掌握上是有幫助的工具。在使用本章 4-4 擬介紹的定量性工具之前的階段中，先使用此定性工具為宜。

4-2-1 特性要因圖

1. 將結果與要因的關係以構造的方式表現

特性要因圖是針對認為對結果有影響的要因，考慮要因的階層構造所表現的圖。特性要因圖是石川馨博士冀求解決問題、知識共有化所開發出來的，也稱為石川圖或魚骨圖。

2. 特性要因圖的活用例

如圖 4-1，是將影響鍍金膜厚的要因所整理而成的特性要因圖。譬如像前處理或電鍍槽的濃度等，影響電鍍膜厚的要因有無數之多。特性要因圖是以階層構造的方式表現要因。如圖中電鍍的前處理、鍍金前先打底的鍍銅、鍍鎳、電鍍槽的電鍍液、電鍍後的洗淨或乾燥等，依照電鍍流程來整理各自的要因。

3. 特性要因圖的活用要點

在活用特性要因圖時，以有利於構造的展現方式整理要因是重點所在。因之「依照流程列舉要因」是可行的方式。雖然有的書建議按人（Man）、機械（Machine）、材料（Material）、方法（Method）的 4M 法來整理是可以的，但要更仔細地找出要因或採取對策時，可以回到製程。因之如圖 4-1，首先按製程別整理要因之後，再著眼於 4M 來整理要因或許是較好的作法。

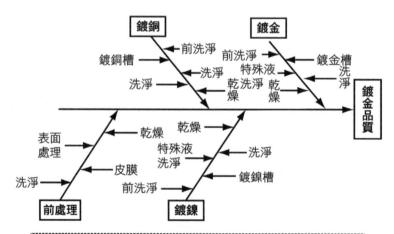

特性要因圖容易觀察結果與要因之關係，同時促進現場的知識共有。

圖 4-1　整理結果與其要因的特性要因圖：電鍍工程例

在列舉要因方面，首先要使製程明確，在製程明確之後，利用腦力激盪法列舉創意，如親和圖根據創意的類似性，以構造的方式整理是最好的。

4-2-2 系統圖

1. 以視覺的方式掌握連鎖的關係

所謂系統圖，是以視覺的方式表現「結果與要因」或「目的與手段」的連鎖關係，掌握問題的構造，有助於對策的研擬。為了以國際性業務為目標而去學習英語，為了學習英語而去留學，為了留學而安排時間，是目的與手段的連鎖例。當目的與手段或結果與要因形成連鎖的構造時，為了容易觀察而予以整理的是系統圖。

2. 系統圖的活用例

為了企劃留學以實現有成效的英語學習，將學習英語當作第一次目的，再將它按第一次手段、第二次手段、第三次手段依序展開者即為圖4-2。在此圖顯示要提高英語能力，也需要提高理解力，在提高理解力方面有文法理解力等，這些均與教育計畫、學校環境等有關聯。由於將提高英語能力以構造式、體系式呈現，因之即變得容易掌握目的與手段之構造。

一般來說目的與手段經常混淆，目的或手段的階層不一致的情形是常有之事，此時用系統圖是最有效的。

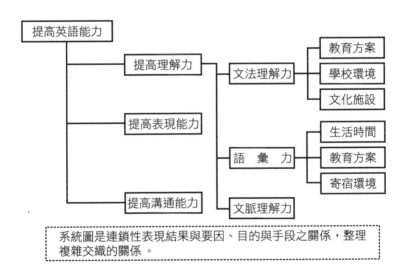

圖 4-2 表現結果與要因，目的與手段的系統圖

4-3 列舉要因或系統的創意

4-3-1 腦力激盪法

1. 總之先列舉大量的創意

所謂腦力激盪法是發想新創意的一種方法，可用於探索顧客的需求或期望。此方法的基本想法是：

(1)若有許多的創意時，其中總會有好的創意。

(2)如不批評時，就會出現許多的創意。

因此設立共同的規則，建立能容易出現新創意的環境，誕生出大量的創意，從中選出令人驚豔的創意。

以共同的規則來說，可以舉出「不批評他人的創意」。許多人被批評時就會退縮，因而提不出其他的創意，此外也鼓勵創意的「借力使力」，從其他創意產生出新的創意。

2. 腦力激盪法的活用例

就顧客對大飯店的要求來說，從業員數名以腦力激盪法提出了創意，將其結果表示在表 4-1 中。在此過程儘管有「不悅的顧客」、「排隊太長而似乎感到不滿」的類似者，仍依據剛才的兩個原則持續提出創意。像這樣所產生出來的創意，以先前說明過的親和圖等來歸納，以構造的方式加以整理時，就變得容易理解。

3. 腦力激盪法活用要點

要有效進行腦力激盪法，不僅要遵守先前的嚴禁批評、借力使力的基本原則，也需要針對發想給予有效的刺激。在探索顧客的要求時，考察顧客的行為，從顧客的眼光反映出來的姿態作為刺激，可產出各種的創意。

另一方面提出系統的方案時，較為邏輯式的發想是有所要求的。因此寫出系統的前提條件，將它們當作刺激來使用也是一種方法。另外，發明腦力激盪法的歐斯本（Osban）所提出的「歐斯本查檢表」可成為參考。此表備有「轉用」、「應用」、「變更」、「擴大」等幾個關鍵字，將它們當作刺激來使用時，提出好創意的機率可大為提高。

像散佈圖、相關分析、分割表在定量性評估要因對結果之影響是很有幫助的。其中散佈圖、相關分析可用在表現像身高、體重之類的量數據上，另一方面分割表可用在「符合、不符合」等個數的數據上。

表 4-1　利用腦力激盪法對大飯店列舉不滿的結果

費用高	說明雜亂	電梯吵
經常混亂	網路訊號差	澡堂小
櫃台的應對差	客房吵	洗臉台髒
客房的服務慢	不方便	廁所不易使用
骯髒	能使用的信用卡少	洗髮精品質差
有不易理解的場所	電話不通	無吹風機
櫃台不親切	客房服務差	房間暗
客房髒	旅客中心不方便	氣氛差
冷氣太冷	餐廳不親切	早餐差
大廳的氣氛差	會計慢	吧檯差
電梯不方便	大廳不適合等候	房間到電梯遠
房間有味道	解說太快	緊急出口不清
⋮	電話中的聲音聽不清楚	地域的知識不足
	⋮	計程車無法停在門口
		⋮
基於創意多多益善的想法，列舉出許多的創意。		

4-4 以定量的方式考察要因

4-4-1 散佈圖

1. 以視覺的方式表現關係

　　散佈圖是將像身高、體重等成對的數據描點，藉以探索數據概要的圖形。對於結果與其要因的數據來說，將結果取成縱軸，要因取成橫軸，描出所有的點。

2. 散佈圖的活用例

　　有關大飯店的滿意度調查，將其散佈圖表示在圖 4-3 中，在圖中橫軸是客房的滿意度，縱軸是大飯店整體的滿意度，分別以普通 5 分、滿分 10 分，讓顧客回答住宿情形，亦即每一點是對應一次的住宿。由此圖可知客房滿意度高的顧客，對大飯店整體的滿意度也高，另一方面客房滿意度低的顧客，整體的滿意度也較低。因此大飯店引進能讓客房滿意度提高，同時也能讓全體滿意度提高的對策。

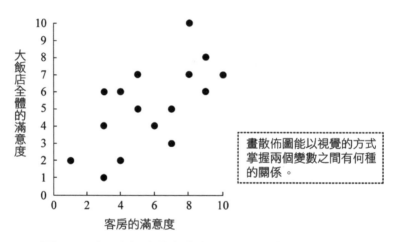

> 畫散佈圖能以視覺的方式掌握兩個變數之間有何種的關係。

圖 4-3　探討客房滿意度與大飯店滿意度的散佈圖

3. 散佈圖活用的要點

　　第一個重點是需要注意因果關係的存在。針對 20～50 歲的薪水階級來說，以「五十米賽跑的秒數」與「年收入」做出散佈圖，於是如圖 4-4 出現一方大另一方也大，以及一方小另一方也小的關係。

　　但此關係並非表現「結果與要因」的因果關係。因年齡愈大，五十米賽跑就愈花時間，以及基於年資序列制年齡愈大，年收入也增加，是如此極為自然的想法。如本例散在圖中出現的關係，不一定是「因果關係」，只是「相關關係」而已。

　　第二個重點是縱軸、橫軸的尺度取法。圖 4-4 說明以相同的數據下，改變尺度的取法後所顯示的兩張散佈圖。許多人看了這些散佈圖時，認為 (a) 的關聯性強、(b) 的關聯性弱。像這樣，人類的目光是相當主觀的，不適於精密的討論。

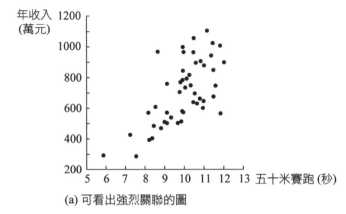

(a) 可看出強烈關聯的圖

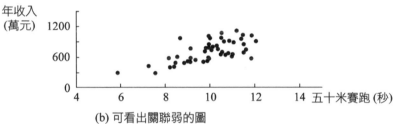

(b) 可看出關聯弱的圖

取決於縱軸、橫軸的取法，印象會改變。畫散佈圖時，將縱軸、橫軸使之幾乎相同的長度是基本作法。

圖 4-4　縱軸、橫軸的取法不同，看法的印象即改變的例子

4-4-2　相關分析

1. 從量資料定量地求出關係

繼之「平均」、「標準差」之後，如果能有此說明就會很方便的統計量有「相關係數」。這是整理兩個變數的數據。相關係數是表現一方如果變大，另一方是否變大或變小的統計量。此值是在 –1 與 +1 之間，所有的點如果落在向右上升的直線上時，相關係數即為 +1，如果落在向右下降時，相關係數即為 –1，如看不出關聯時幾乎是 0。

2. 相關分析的活用要點

相關分析與散佈圖有需要「成對（paired）」使用。如先前的散佈圖所示，人的目光是主觀的，為了將它定量性地表現，相關係數是需要的。另一方面是否只要有相關係數就行呢？也不盡然。代表的例子就是「Anscombe 的數據」。此數據表示在表 4-2 中，如表所示在四個數據組中，x、y 的平均、標準差、相關係數是相同的。其次針對此數據所製作的散佈圖如圖 4-5，其數據 1 到數據 4 的分配狀況是不同的。

表 4-2　Anscombe 的數據

No	Data 1		Data 2		Data 3		Data 4	
	x	y	x	y	x	y	x	y
1	10.00	8.04	10.00	9.14	10.00	7.46	8.00	6.58
2	8.00	6.95	8.00	8.14	8.00	6.77	8.00	5.76
3	13.00	7.58	13.00	8.74	13.00	12.74	8.00	7.71
4	9.00	8.81	9.00	8.77	9.00	7.11	8.00	8.84
5	11.00	8.33	11.00	9.26	11.00	7.81	8.00	8.47
6	14.00	9.96	14.00	8.10	14.00	8.84	8.00	7.04
7	6.00	7.24	6.00	6.13	6.00	6.08	8.00	5.25
8	4.00	4.26	4.00	3.10	4.00	5.39	8.00	5.56
9	12.00	10.84	12.00	9.13	12.00	8.15	8.00	7.91
10	7.00	4.82	7.00	7.26	7.00	6.42	8.00	6.89
11	5.00	5.68	5.00	4.74	5.00	5.73	19.00	12.50
平均	9.00	7.50	9.00	7.50	9.00	7.50	9.00	7.50
標準差	3.32	2.03	3.32	2.03	3.32	2.03	3.32	2.03
相關係數	0.82		0.82		0.82		0.82	

出處：Anscombe, F.J.,（1971）, Graphs in statistical analysis, American Statidyivhsn, 27, 17-21.

從 Data 1 到 Data 4，可以判斷 x, y 的平均、標準差，相關係數均相等。

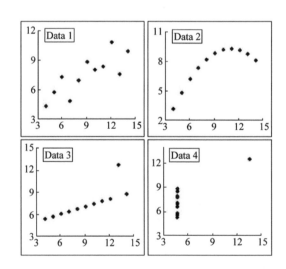

平均、標準差、相關係數雖然相同，但散佈狀況完全不同，
數據的視覺化是需要的。

圖 4-5　Anscombe 的數據散佈圖

要排除人類目光的主觀性，統計量（statistic）是需要的。另一方面要確認全體的分配狀況，利用圖形將數據視覺化是需要的。像這樣相互發揮所長的狀況是不同的，因之，將散佈圖等圖形與相關係數等統計量成對使用是有需要的。

4-4-3　分割表

1.從符合數等的數據整理關聯

像合格／不合格或者機械 1/ 機械 2 之類，在表現符合之有無的變數中，想觀察關係時用分割表是很方便的。散佈圖是解析兩個計量值的關係，相對地分割表是解析符合數等計數值的關係。

2.分割表的活用例

爲了企劃短期留學，向考慮一個月左右短期留學的 200 名學生實施問卷調查。在其中的兩個問題中，一個是目的地即「郊外」與「都市」何者好呢？另一個是以「語言學習爲中心」或是「語言學習之餘另加上文化交流」好呢？將此結果整理成分割表，如表 4-3 所示。

在此表中，希望「郊外」的人與希望「都市」的人約占半數，並且「語言中心」或「語言與文化的交流」也近乎半數。但是如觀察兩個組合時，選擇郊外的人幾乎是希望語言中心，選擇都市的人幾乎是希望語言與文化的交流。此種出現方向的傾向，利用分割表即可表現。

定量地檢討散佈圖的手段是相關分析，同樣也有定量性地評估分割表的方法，代表性的方法即爲卡方統計量，這是針對表 4-3 的組合，評估出現的方式是否一致。

表 4-3　表示質變數之關聯的分割表：留學方案的希望例

		計畫目的		計
		語言中心	語言與文化之交流	
場所	郊外	85	10	95
	都市	12	93	105
計		97	103	200

「語言中心」的人喜歡「郊外」的留學，以「語言與文化之交流」爲目的的人喜歡「都市」的留學，有此種傾向。

4-5 更正確地表現結果與要因的關係

本節要介紹的方法，是將結果與要因之關係或結果的傾向等，以更周密、定量性地加以表現。正確的說明請參閱其他書籍，本書就其概要與機能等加以介紹。

4-5-1 迴歸分析

1. 調查兩個變數之關係

所謂迴歸分析是根據已蒐集的數據，調查兩個變數之關係的方法。概略地說，是在散佈圖上適配直線的方法。

2. 迴歸分析的活用例

某居酒屋以提供鮮度佳的生啤酒為目的，想預測大概可以賣多少杯啤酒，然後依據它來訂購，圖 4-6 說明預測生啤酒銷售量所使用的數據。生啤酒的銷售量受氣溫甚大的影響，因此將一日中最高氣溫與銷售量的數據，利用迴歸分析來解析，設定如圖所示的預測式。此預測式顯示出氣溫每上升 1°C 時，生啤酒的銷售增加 35 杯的關係。

此居酒屋調查早上氣象預報預估該日的最高氣溫，使用此資訊與迴歸分析的結果決定生啤酒的訂購量，與過去經驗式作法相比，可避免過度的庫存或啤酒不足，可以提供鮮度佳的啤酒。

3. 迴歸分析的活用要點

迴歸分析的結果，只在數據被蒐集的範圍內才有效。在先前的例子裡，如以表面觀察迴歸式時，氣溫在 –200°C 時銷售才會是負的，可是此種考察是沒有意義的。此數據是在夏季時所蒐集，像 –200°C 的數據當然不包含在內。如想預測冬季時需要蒐集冬季的數據，再對它解析。

「迴歸」一詞最早由法蘭西斯·高爾頓（Francis Galton）所使用。他曾對親子間的身高做研究，發現父母的身高雖然會遺傳給子女，但子女的身高卻有逐漸「迴歸到中等（即人的平均值）」的現象。

迴歸分析的目的在於找出一條最能夠代表所有觀測資料的函數曲線（迴歸估計式）。

用此函數代表因變數和自變數之間的關係。

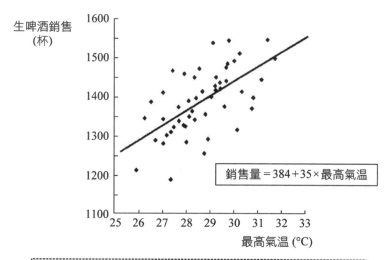

生啤酒銷售
(杯)

銷售量＝384+35×最高氣溫

最高氣溫 (°C)

利用迴歸直線，從早上的最高氣溫的預測值可以預測生啤酒的銷售量，有助於啤酒的適切進貨。

圖 4-6 利用要因預測結果的迴歸分析：預測生啤酒的銷售量例

4-5-2 多變量分析

1. 取決於目的而解析大量的數據

所謂多變量分析，是解析大量蒐集的數據所使用之方法的集大成。前述的迴歸分析也是多變量分析的一種方法。以下說明例中的主成分分析，是將大量的連續量數據予以分類。多變量分析的手法已提出有許多種，適切地洞察自己手上的問題，選取所需要的手法。

2. 多變量分析的活用例

某大飯店針對工作的容易性、網路的連結等多數項目，以大約 100 名為對象實施預備性的顧客滿意度調查。這些項目包含意義相似的項目，解析的目的是根據類似性將這些項目分類。應用主成分分析，將項目分類之一部分結果如圖 4-7 所示。這是主成分分析中常使用的因子負荷量之散佈圖。如利用主成分分析，如圖即可得知類似性。因此在正式調查的階段，分別從各組中列舉一個項目，縮減詢問項目後再實施調查。

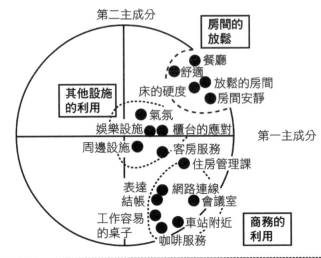

利用主成分分析可將許多變數的關係從類似性以構造的方式整理。

圖 4-7　整理許多變數的類似性主成分分析：對大飯店探索要求的例子

在多變量分析中，主成分分析（Principal components analysis, PCA）是一種分析、簡化數據集的技術。利用原有的變數組合成新的變數，以達到資料縮減的目的，但卻能夠保留住數據本身所提供的重要資訊。由於主成分分析主要依賴數據提供的訊息，所以數據的準確性對分析結果影響很大。

第5章
對策的研擬

本章內容

5-1 目的

5-1-1 「對策的研擬」是做什麼？

「對策的研擬」之步驟，是研擬使結果接近應有姿態的對策。取決於現狀與應有姿態之間的差距如何，對策的採取方式就有所改變。以典型的對策來說，有變更要因的水準，或控制要因的變異等。

考慮將結果的變異變小，對此來說即探尋對結果會造成甚大影響的要因，再控制此要因的變異，如圖 5-1(a) 所示。對結果造成甚大影響的要因與結果的關係通常是相關的。因此將要因的變異從實線變小成點線時，結果的變異也就從實線變成點線。

如同電鍍膜厚整體使之增厚，將結果調整成某一定水準時，對結果造成甚大影響的要因，其平均如圖 5-1(b) 所示，即從現狀發生改變。

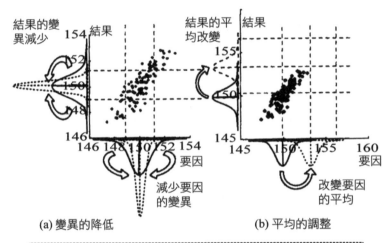

(a) 變異的降低   (b) 平均的調整

> (a) 在降低結果的變異方面，要降低要因的變異，在 (b) 調整結果的平均方面要調整要因的平均。

圖 5-1　變異降低、調整平均的法則

5-1-2　為了要大幅改善

此步驟是針對系統的創意從綜合觀點進行評估，此時需要避免因部分偏頗的意見影響評估。像會議中，聲音大的人其意見有無積極地被採用呢？建構新系統時，由於是任何人未曾經驗過的領域，不僅聲音大的人的意見，也要引進許多人的意見，冷靜地判斷是需要的。亦即從系統的有效性、實現可能性、成本等種種的立場，綜合且合乎邏輯地進行評估。

　　這些系統的詳細情形，要在下面「效果的驗證」步驟中決定。在系統選擇的階段中，如有足夠時間可對系統進行詳細檢討時，在檢討後再選擇為宜。像考慮「引進新電鍍裝置」、「引進 IT 機器來降低成本」等情形，實際上要檢討的事項太多，在選擇系統的階段如果連細節都列入考慮，騰不開手也是司空見慣的。因此到了某個層次已確定的階段後，再去選擇系統。

　　對於從台北總公司到台中分公司的前往方式來說，將選擇系統的概要表示在圖 5-2 中。從台北總公司到松山機場，可以考慮計程車、捷運等交通手段。系統的創意像這樣列舉之後再進行評估。

5-1-3　工具的全貌

　　對策的研擬，為了使結果能如預期因而引進新的作法，因之實驗是有效的，對此來說「實驗計畫法」是有幫助的。並且在此步驟中，從幾個系統方案中選擇系統的過程也有，對此而言「AHP」或「比重評估法」等是有幫助的。此外設計並引進新系統時，調查顧客心聲的企劃部門與實現產品、服務的設計部門之間，確實地搭起橋梁是有需要的。以此工具而言，要介紹的是「品質機能展開法」，其中「品質屋（House of Quality, HOQ）」就是貫徹品質機能展開的工具，幫助行銷和技術人員跨部門溝通，將市場研究的結果整合進產品開發過程之中。

5-2 評估系統的方案

5-2-1 比重評估

1. 依據重要度決定綜合評估

「比重評估」是針對數個方案，按數個評估項目設定比重再進行綜合評估。為了降低事務處理工數，考慮將某製程全部 IT 化之方案，以及將部分 IT 化之方案來比較。前者的期待效果大但引進甚花時間，另一方面後者的情形剛好相反。要選擇何者，取決於期待效果與引進時間何者重要而決定，比重評估法是利用較為定量的方式來實施評估。

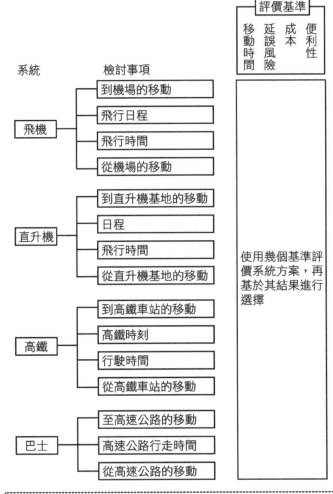

圖 5-2　系統方案的選擇

2. 比重評估的活用例

對於到台中分公司的移動，比重評估的結果如表 5-1 所示。以系統的評估項目列舉了「移動時間」、「延誤風險（延誤的可能性）」、「成本」、「便利性」，其中對此情形來說，延誤風險的重要度最高，其次是移動時間，另一方面成本、便利性的重要度則較低，故評估的結果採用直升機。

表 5-1　利用數個評估項目的比重評估：移動手段的例子

重要度	B	A	C	C	總合評價
	4	5	1	1	
評估項目 ＼ 移動手段	移動時間	延誤風險	成本	便利性	
飛機	5	3	3	1	39
直升機	5	4	1	3	44
高鐵線	3	5	3	3	43
汽車	1	1	5	5	19

直升機的綜合評估最高

直升機綜合評估的計算例
$(5×4) + (4×5) + (1×1) + (3×1) = 44$

在數個評估項目上設定重要度的比重，考慮比重再評估對象。

3. 比重評估的活用要點

第一個重點是確保客觀性。此作法的優點是容易理解，相反地缺點是易流於主觀。譬如計算比重和時，雖然是單純的加法，但這爲何不是乘算呢？如追究下去不管如何結果也會改變。要完全地排除主觀性實際上是不可能的，因此事前先決定決策的步驟，接著實際計算再作決策，盡可能地使主觀不要介入。

第二個重點是評估項目的選定。以評估項目來說，可列舉出期待效果、實現可能性、成本等。如加入實現可能性時，正確的創意評估即變高，但嶄新的創意評估即變低而有不被選擇的傾向。當從最初追逐夢想時，將實現可能性的項目其比重降低，或許是可行的。

5-2-2　AHP

1. 設定評估的構造再檢討

層級分析法（Analytic Hierachy Process, AHP）是設定評估的構造，基於它綜合地評估對象的好壞。AHP 是階層化決策法的意思。圖 5-3 說明單身生活選定公寓的例子。選擇公寓時，考慮隔間、房租、離車站的距離，並從幾個備選方案中選擇最合理的方案，即爲 AHP 的目的。

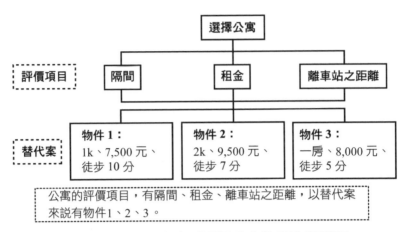

圖 5-3　整理單身生活選擇公寓的構造階層圖

2. AHP 的活用例

AHP 是首先要決定評估項目的比重。此時並非比較全部，而是成對比較。在圖 5-3 的例子中，隔間與房租何者較為重要？重要到何種程度？以如此的一對項目來評估，接著就所有的項目配對進行評估。

其次從隔間來看時，評估物件 1 與物件 2 的何者較好，接著比較物件 1 與物件 3 何者較好。同樣就所有組合進行評估，並且對其他的評估基準也同樣進行，最後再綜合這些結果。此選擇公寓的例子如表 5-2 所示，從中可判斷物件 1 是最佳選擇。

3. AHP 的活用要點

成對數如增加時，評估即變得費事，儘管費事如評估所有配對時，即使各配對的評估略為粗略，最終如統合時仍可接近真實的評估。此外，可否畫出妥當的階層圖也是重點所在。

層級分析法（AHP）可以利用樹狀的層級結構，將複雜的決策問題在一個層級中區分為數個簡單的子問題，並且每個子問題可以獨立進行分析。這個層級中的子問題可以包含任何類型的子問題，無論是有形的還是無形的，仔細計算或粗略估計的，理解清晰或模糊的，只要是用於最終決策的子問題都可以包括於此。

一旦這個層級建立完畢，決策專家會有系統地評估尺度，針對每一個部分的相對重要性給予權重數值，其後建立成對比較矩陣，並求出特徵向量及特徵值。以該特徵向量代表每一層級中各部分的優先權，能提供決策者充分的決策資訊，並組織有關決策的評選條件或準則（criteria）、權重（weight）和分析（analysis），且能減少決策錯誤的風險性。

AHP 的評估尺度共計九個尺度，各尺度所代表之意義如下表所示。

評估尺度	定義	說明
1	同等重要	兩要素的貢獻程度具同等重要性
3	稍微重要	經驗與判斷稍微偏好某一要素
5	頗為重要	經驗與判斷強烈偏好某一要素
7	極為重要	實際顯示非常強烈偏好某一要素
9	絕對重要	有足夠證據肯定絕對偏好某一要素
2,4,6,8	相鄰尺度之中間值	介於兩種判斷之間

在 AHP 操作流程中，第一步驟首先問題描述，而後判別影響要素並建立層級結構，並設計問卷項目。而後依問卷蒐集的數據資料找出各層級間決策屬性的相對重要性，並依此建立成對比較矩陣，用以計算矩陣特徵值與特徵向量，所得出的數據經由一致性檢定及層級結構一致性檢定的回饋修正後，便可計算出各指標之權重，藉以協助選出最適決策方案。

表 5-2 考慮評估項目之構造的選擇方法 AHP

「房租」與「隔間」相比略為重要，因之評估值是 2

(a) 評估項目的重要度評估

A	評估項目	隔間	房租	離車站之距離	幾何平均	重要度
	隔間	1	0.5	2	1.00	0.29
	房租	2	1	4	2.00	0.57
	離車站之距離	0.5	0.25	1	0.50	0.14

(b) 依據評估項目（隔間）評估替代案

隔間	物件 1	物件 2	物件 3	幾何平均	評估值
物件 1	1	0.25	0.5	0.50	0.14
物件 2	4	1	2	2.00	0.57
物件 3	2	0.5	1	1.00	0.29

(c) 綜合評估

物件 1 的綜合評估 ＝「隔間」的重要度 × 隔間對物件 1 的評估值
　　　　　　　　　＋「房租」的重要度 × 房租對物件 1 的評估值
　　　　　　　　　＋「距離」的重要度 × 距離對物件 1 的評估值 ＝ 0.39
物件 3 的綜合評估 ＝「隔間」的重要度 × 隔間對物件 3 的評估值
　　　　　　　　　＋「房租」的重要度 × 房租對物件 3 的評估值
　　　　　　　　　＋「距離」的重要度 × 距離對物件 3 的評估值 ＝ 0.33

A 與 B 相比，重要多少（好多少）	
A 與 B 相比，相當重要（好）	4
A 與 B 相比，略為重要（好）	2
A 與 B 相比，一樣重要	1
A 與 B 相比，略為不重要（差）	1/2 = 0.5
A 與 B 相比，完全不重要（差）	1/4 = 0.25

AHP 是 (a) 評估評估項目的重要度，(b) 基於評估項目評估替代案，(c) 最後綜合評估這些替代案。

Note

5-3 利用實驗來考察

5-3-1 實驗計畫法

1. 有計畫地蒐集數據進行調查

　　實驗計畫法是針對對象有計畫地蒐集數據，將它以統計的方式解析，有效地探索最適條件的方法。整理實驗計畫法的內容如表 5-3 所示，從基本手法的要因計畫（多元配置法）等，到提高實驗效率的部分實施計畫，以及列舉連續性因子的應答曲面法等有各種的方法。

　　如能理解實驗計畫法以及統計的手法時，可提高改善與研究開發等效率，因為在某個階段需要以數據確認事實，而對此來說實驗計畫法的應用是頗具效果的緣故。

2. 實驗計畫法的活用例

　　以企劃部門應用實驗計畫法為例，有應用聯合分析（Conjoint Analysis）。針對留學計畫，就期間、場所、目的、目的地、時期分別有兩種備選，將此等組合時共有 2×2×2×2×2 = 32，評估所有 32 個是沒效率的。

　　因此應用稱為直交表（Orthogonal Arrays）的技巧，來降低此實驗次數。具體言之如表 5-4 所示只讓顧客評估 8 次，此回答者取決於目的是「充分學習語言」或「語言與文化的交流」，評估之差異很大，前者與後者相比，綜合評估在 10 分滿分下提高 2.75 分。並且「8 週」中喜愛「夏」天，「場所」、「目的地」不具影響，像這樣以少數的實驗即可調查嗜好。

　　1950～70 年代田口玄一整理直交表作為安排實驗計畫之工具。由於田口直交表的貢獻，採用直交表法讓實驗配置變成簡單易行，所以有人稱之為田口式實驗計畫配置法。

表 5-3　利用實驗有系統進行考察的實驗計畫法

方法	內容
要因計畫（多元配置）	是實驗計畫法的基礎，針對所想之條件的所有組合進行實驗
部分實施計畫	並非所有條件的組合，利用實施一部分的直交表等，得出部分實施的計畫
集區計畫	實驗的場所不易管理，不均一時為了克服它引進集區因子進行實驗
分割實驗	像條件變更有困難的因子，或前工程採大量批處理時，有效率地進行實驗
應答曲面法	像濕度、長度、重量等以連續量的因子為對象，有效率地得出最適條件
田口方法	針對使用條件的變動等求出穩健（robust）的設計條件
最適計畫	依據統計模式，有效率地規劃實驗，求出最經濟的條件

如活用實驗計畫法時，可飛躍性提高改善或研究開發的效率。

表 5-4　利用實驗計畫法的有效行銷：探索留學計畫的聯合分析

No	期間	場所	目的	住宿	時期	回答者 A 的評估
1	6 週間	都心	充實語言	留生宿舍	春	4
2	6 週間	都心	充實語言	寄宿	夏	6
3	6 週間	郊外	語言＋文化	留生宿舍	春	2
4	6 週間	郊外	語言＋文化	寄宿	夏	2
5	6 週間	都心	語言＋文化	留生宿舍	夏	3
6	6 週間	都心	語言＋文化	寄宿	春	3
7	6 週間	郊外	充實語言	留生宿舍	夏	6
8	6 週間	郊外	充實語言	寄宿	春	5

$$評價 = 4.5 + \begin{cases} 0.00 & (6\ 週間) \\ 0.75 & (8\ 週間) \end{cases} + \begin{cases} 0.00 & (充實語言) \\ -0.75 & (語言＋文化) \end{cases} + \begin{cases} 0.00 & 春 \\ 0.75 & 夏 \end{cases}$$

利用聯合分析的解析結果，知 A 先生喜歡充實語言、長期間、夏季學習。

3. 實驗計畫法的活用要點

　　第一個要點是列舉條件的事前調查。在剛才的例子中透過事前的檢討，查明了期間、場所等是很重要的，乃依據它進行實驗。像這樣周密地討論之後，有需要調查實驗的條件。

　　第二個要點是選定適切的實驗計畫法。正確地洞察實際的問題，使用被認爲是適切

的方法。譬如若是簡單的問題就選用簡單的手法，若是複雜的問題就需要應用高度的手法。

5-3-2 田口方法

1. 探索經得起使用環境變動等的條件

所謂田口方法是積極地設想顧客使用的條件等，將它積極地引進實驗中，求出較為穩健條件的方法。田口方法是田口玄一博士所想出的，因之如此稱呼。

2. 田口方法的活用例

製造蛋糕粉的 A 公司想探索對顧客最好的蛋糕粉。從 A 公司的設計承擔者立場來看，需要決定像小麥粉、砂糖等各種比例，做出顧客喜歡的硬度、味道。

為了不使之太軟或太硬而有一定的硬度，需要決定小麥粉與砂糖等配方比例，此時烤蛋糕的烤箱溫度也需要考慮。家庭用的烤箱依各家庭而有不同，因之對於燒烤蛋糕的溫度無法指定嚴密之值。

此時不管是何種烤箱，找出能在一定的溫度下燒烤的配方是很重要的。亦即如圖 5-4，不是像配方 1 與配方 3 那樣受到烤箱的溫度而有過敏反應，而是找出如配方 2 對烤箱的溫度有穩健的條件。

3. 田口方法活用的要點

田口方法在設計、研究開發階段等上游階段，以及數據能量蒐集時是很有效的。亦即由於在眾多條件下蒐集許多數據探索最適條件，因之在可較大膽地變更條件之上游階段是頗具效果的。

並且在考慮穩健性方面，需要事前檢討對什麼考慮穩健性。

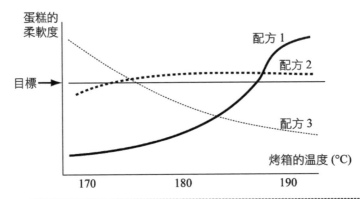

使用配方 2 時，任何溫度均能妥切烘烤，對顧客的使用環境來說是穩健 (robust) 的。

圖 5-4　針對環境條件的穩健設計想法：不管何種烤箱均能順利烤蛋糕的例子

品質工程（Quality Engineering）由日本學者田口玄一創立的工程方法，以統計學的方式來進行實驗及生產過程管控，達到產品品質改善及成本降低的雙重目的，也應用在生物學、行銷及廣告。爲了表示對發明者的尊崇，它也被稱爲是田口式品質工程（Taguchi Quality Engineering），或是田口方法（Taguchi Methods）。它是目前爲了達到穩健設計中最著名的方法學，因而也被稱爲田口式穩健設計方法（Taguchi Methods of Robust Design）。

品質工程包括了三個和統計學有關的原則：

1. 特定的損失函數（田口損失函數）
2. 離線品質管制的哲學
3. 實驗設計的創新

5-4 在企劃、設計過程間搭起橋梁

5-4-1 品質機能展開

1. 連結顧客的心聲與技術規格

所謂品質機能展開（Quality Function Deployment, QFD）是將顧客的要求以階層的方式整理，有系統地變換成產品、服務的規格，在企劃、設計過程之間搭起橋梁的方法。在大幅改善方面，由於有許多新系統的重新設計，因之品質機能展開是有幫助的。

2. 品質機能展開的活用例

以短期留學計畫為例，其品質機能展開如圖 5-5 所示。此圖的縱軸是展開顧客的要求。通常顧客的要求是模糊不清的，因此儘可能地網羅顧客的要求，然後需要考慮階層進行整理，實踐此事的是圖中的縱軸。像這樣將顧客的要求按一次、二次、三次仔細地去展開。

另一方面此圖的橫軸是決定產品、服務的規格，換言之是設計者可以指定的設計參數。留學期間、留學場所是提供服務的一方可決定的。如果是產品時，尺度、材質等即相當於此。中央部分是表示對服務要求與服務品質特性的關係。其中○或◎，是表示要求與規格的對應有密切的關係，譬如留學的價格高低，與留學期間最有對應關係，其次與場所也有關係。

3. 品質機能展開的活用要點

在產品企劃階段，要掌握圖的縱軸方向即顧客要求的構造。另一方面在設計階段則要滿足此要求，利用中央部分的對應關係，決定產品服務的規格，像這樣品質機能展開是與企劃階段保持密切的溝通。

好好活用品質機能展開可儲存顧客的要求與技術，有助於今後產品、服務的企劃與設計。企劃部門的主要目的是掌握顧客的要求，將它如此圖的縱軸按階層分別整理使之容易觀察，當企劃產品、服務要將重點放在顧客的哪一個要求就變得清楚，產品、服務的目的即變得明確。因此將此儲存時，其對新產品、服務的企劃而言，即成為有效的工具。

顧客 ＼ 提供一方			留學方案						場所					生活					文化方案				經濟	
			顧客會話時間數	文法時間數	閱讀時間數	擔當教員	其他科目構成	…	離都離	居住	…	…	…	寄宿	…	…	…	…	地域活動	學內活動	…	…	基本費用	選課費用
1次要求	2次要求	3次要求	○						◎			○								○				
可用英語寫書信	可說	可傳達希望	○	○		○				○					○		○		○		○			◎
		…		◎			○		○			○		○		○					○			
	可寫	…		◎					○	○						◎		◎				◎		
		…			○	○	◎				○													
	舉止	…	◎																					
		…			◎				○												○			
可理解英語	…	…		○			○	○	○										◎					
		…																						◎
	…	…									◎		○		○		◎							
可用英語溝通	…	…			○		○	○															◎	
	…	…													○		◎		◎					
可接觸不同文化	…	…																						
	…	…																						
可輕鬆學習						○			◎								○		○			○		

> 設計者的用語
> 顧客的心聲
> 提供一方　◎表有相當關聯　○表有關邊

顧客的心聲取成縱軸，產品、服務的規格取成橫軸，周密地掌握兩者的關係，搭建起顧客與產品、服務的橋梁。

圖 5-5　在顧客心聲與產品、服務搭起橋梁的品質機能展開

另外橫軸所表示的產品、服務的規格，其與中央部分的關聯程度，是表示要如何才可設計出滿足要求的產品、服務，此即為技術的縮圖。像這樣直截了當地表現技術，因之將此儲存時，即成為新產品、設計服務時的基礎知識。

品質機能展開（QFD）包括「品質（Quality）」、「機能（Function）」與「展開（Deployment）」三部分。「品質」即是品質屋（House of Quality, HOQ）所要達到之品質要求；機能又稱爲功能，即是傾聽客戶聲音（Voice of Customers, VOC）後所匯整之功能需求，亦可稱謂客戶需求（Customer Requirement）；「展開」即是要達成產品品質所進行之一連串流程整合，包括概念提出、設計、製造與服務流程等。換言之，品質機能展開即是在了解客戶需求後，展開一系列流程改造與整合工作，以達成客戶所需產品功能之完整品質管理工作。品質機能展開的重點有二，其一爲品質屋建立，其二爲針對品質流程進行展開。

第6章
效果的驗證

本章內容

6-1 目的

6-1-1 「效果的驗證」是做什麼

如研擬了對策就要驗證它的效果。對於驗證來說，直接引進到對象的過程再確認是最好的。另一方面，實際上無法直接引進到對象的過程，或者有時間上的限制、只能以少數個驗證，或無法以系統引進而以子系統驗證效果的情形也有。本章的手法對此種情形有所幫助。

6-1-2 為了大幅改善

與既有系統作為前提之情形相比，有需要更周密、大規模地實施。經常聽到「發生此種事態也是未曾見過」的心聲，這是無法預測波及效果所致。像這樣一面從寬廣的視野去預測，一面驗證效果是有需要的。

6-1-3 工具的全貌

在此階段需要檢討實際引進對策時，過程或產品變成如何，此檢討像是目的有無達成？以及有無副作用？

目的是否能達成，即為結果與應有姿態的比較問題，因之可以活用第 5 章所介紹的手法。譬如是否達成目標呢？使用平均與標準差比較，如有需要可從少數個的數據利用精密的統計手法驗證有無效果。本章從檢討波及效果等觀點介紹「FMEA」、「FTA」、「韋伯解析」。

有關「FMEA」、「FTA」、「韋伯解析」請參考五南出版公司的《圖解可靠性技術與管理》一書。

Note

6-2 評價影響度

6-2-1 FMEA

1. 有系統地調查故障的影響

所謂 FMEA 是指故障型態影響分析，當系統的某要素發生故障時，它的故障會造成何種影響呢？有系統地調查的方法 FMEA 是 Failure mode and effects analysis 各取第一個字母的縮寫。此方法是當有對策或系統方案時，事前評價它的問題點。

2. FMEA 的活用例

針對攜帶型瓦斯爐實施 FMEA 的例子如表 6-1 所示。FMEA 首先將攜帶型瓦斯爐分解成子系統，在子系統中抽出重要的機構，像瓦斯圓桶、點火裝置等零件，即為表 6-1 的縱軸。就各自的機構，記述有可能出現何種故障的型態。接著瓦斯圓桶如故障時，會發生瓦斯洩漏或引火等，推導故障的影響會如何出現，接著再評價這些的重要度。通常重要度是將發生的頻率、影響度、檢出的容易性等予以數值化，再以它們的乘積求出。從這些的解析得知，攜帶瓦斯爐的重要零件是瓦斯噴出機構，對此就需要採取重點管理。

3. FMEA 活用的要點

第一個要點是當作技術標準的儲存、活用。即使談到新的設計，全部都是新的設計是很少的。像此種情形雖使用已標準化的零件或單元，但在提高系統的質方面也是很理想的。此時使用 FMEA 掌握影響度，當作技術標準使用也是可行的。

故障模式與影響分析（Failure mode and effects analysis，FMEA），又稱為失效模式與效應分析，是一種操作規程，旨在對系統範圍內潛在性的故障模式加以分析，以便按照嚴重程度加以分類，或者確定故障對於該系統的影響。

表 6-1 探索故障型態與其影響的 FMEA：攜帶瓦斯爐

機構	基本機能	故障型態	估計原因	發生次數	影響度	檢出容易性	重要度	
瓦斯圓桶	保持	桶偏斜	保持器損傷、設置不充分	2	2	1	4	← 最重要
	瓦斯送出	瓦斯管洩漏	瓦斯管有洞	1	3	3	9	
瓦斯噴出	瓦斯噴出	瓦斯過度噴出	調整機構、管線不適合	2	3	3	18	
		瓦斯少量噴出	調整機構、管線不適合	2	1	3	6	
	空氣吸入	過吸入	調整機構、管線不適合	1	3	2	6	
		少吸入	調整機構、管線不適合	1	3	2	6	
著火裝置	著火	點不著	點火開關，電氣	3	1	1	3	
	開關聯動	不連動	開關保持機構，壓按部位	1	1	1	1	

周密地調查故障型態對全體造成之影響，使要重點管理的故障、機構明確。

FMEA 嚴格說起來應該算是一種工程風險評估工具，它可以幫助工程師們從一大堆需要被改善的問題清單中釐出一個清晰的工作優先順序（priority list），然後針對優先問題來採取改正措施。

有些管理階層也會利用 FMEA 來協助做出較正確的決策。另外 FMEA 也是一種預防未來錯誤發生及可靠度失效的評估工具。

　　第二個要點是 FMEA 是以產品的故障作為對象所發展的手法，但在探索過程中的重要作業也是有幫助的。此時將過程分成幾個子過程，各個過程有何種機構呢？以及無法發揮機能時，對過程會造成何種影響？等分別去探索。

6-2-2　FTA

1. 將故障的發生條件由上而下展開以構造的方式表現

　　所謂 FTA 是針對故障發生的條件，將故障的發生當作高層事件（top event），將它向各部分去展開，將故障的構造如樹木般表現的手法。FTA 是 Failure tree analysis 各取第一個字母縮寫而成，FMEA 是由下往上展開，相對地 FTA 是由上而下地展開。展開時使用 and 與 or 等邏輯記號。

2. FTA 的活用例

　　針對攜帶型瓦斯爐展開 FTA 的例子如圖 6-1 所示。此處的高層事件是「未著火」，未著火是瓦斯未正確地流出呢？或點火裝置異常呢？或者雙方都有呢？將此在圖中以最初之分歧的 or 構造表現，並且瓦斯未流出可想到沒有瓦斯或管路異常等，像這樣將故障的發生按此方式展開。

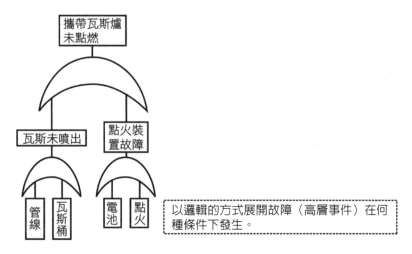

以邏輯的方式展開故障（高層事件）在何種條件下發生。

圖 6-1　由上而下調查故障發生的 FTA：攜帶瓦斯爐例

3. FTA 活用的要點

　　FTA 與 FMEA 一樣，作爲防患未然以及技術的儲存來說是很重要的，像這樣使之可視化有助於知識的共享。在活用 FTA 時容易忽略環境條件、使用方法等。如氣溫低的多天不會有問題，但到夏天時隨溫度的狀況而發生爆炸等，使用條件的變動也是在展開 FTA 時必須要考慮的。

故障樹分析（FTA）是由上往下的演繹式失效分析法，分析系統中不希望出現的狀態。故障樹分析主要用在安全工程以及可靠度工程的領域，用來了解系統失效的原因，並且找到最好的方式降低風險，或是確認某一安全事故或是特定系統失效的發生率。

FTA 可分爲兩種：

1. 定性 FTA 分析

   找出導致頂事件發生的所有可能的故障模式，既求出故障的所有最小割集（mininalcutsets, MCS）。

2. 定量 FTA 分析

   主要有兩方面的內容：

   一是由輸入系統各單元（底事件）的失效概率求出系統的失效機率；

   二是求出各單元（底事件）的結構重要度、概率重要度和關鍵重要度，最後可根據關鍵重要度的大小，排序出最佳故障診斷和修理順序，同時也可作爲首先改善相對不大可靠的單元的數據。

6-3 以時間序列評估故障

6-3-1 韋伯解析（可靠度分析）

以時間序列的函數表現產品故障

韋伯（Weibull）解析是在新產品的技術評價階段，以時間序列函數表現產品故障的方法。這是根據產品的故障數據，利用韋伯分配此種統計上的分配，調查產品的故障是形成何種狀態的方法。

產品的故障可以大略分成「初期故障期」、「偶發故障期」、「磨耗故障期」。初期故障期是對應產品上市後立即容易故障的狀態，偶發故障期是表示以一定的比率出現故障的期間，另外磨耗故障期是指產品的壽命在將耗盡的階段中故障率慢慢變高。利用韋伯解析時，可以找出適配這些狀態中的何者。

初期故障期如圖 6-2(a)，隨著時間的經過故障率慢慢減少。偶發故障期如 (b) 不受時間的影響，故障率為一定。另外磨耗故障期如 (c)，隨著時間的經過故障率增加。當遇到 (c) 時，因為是磨耗故障期，因之需要實施預防保養的對策，像積極地更換等。但以偶發故障期來說，像磨耗故障期那樣積極更換並非良策。在此情形下，實施韋伯解析讓今後要採取何種對策變得容易理解。

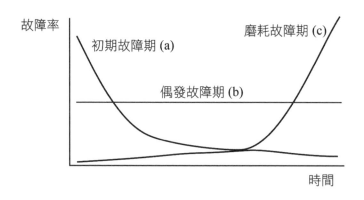

產品的故障類型有 3 種，分別是「初期故障期」、「偶發故障期」、「磨耗故障期」，依符合何者採取對策的方式有所不同。

圖 6-2　產品故障的分類

6-3-2　加速試驗
在短時間內重現故障發生的狀況

所謂加速試驗是爲了將故障發生的狀況在短期間重現，在比想像更爲嚴苛的使用環境下實施試驗，如果它是實際的時間時，評價它會是多長的時間呢？此爲對此檢討的一種方法。這是就對象產品利用固有的技術卓見，考察如果是實際狀況時，它究竟相當於多長的時間？

譬如某電子零件設想在室溫下使用。爲了重現此零件的故障，實施 120℃ 的加速實驗。依據由此電子零件之技術所導出的換算公式，1,000 小時的試驗相當於 10 年的使用。此計算的根據有幾個假定，只在此假定妥當時其結果才妥當。此外也需討論所列舉的現象，與假定是否一致。

加速試驗主要分爲兩類，每一類都有明確的目的：
1. 加速壽命試驗——估計壽命；
2. 加速應力試驗——確定（或證實）和糾正薄弱環節。
這兩類加速試驗之間的區別儘管細微，但卻很重要，它們的區別主要表現在下述幾個方面：作爲試驗基礎的基本假設、構建試驗時所用的模型、所用的試驗設備和場所、試驗的實施方法、分析和解釋試驗數據的方法。表 6-2 對這兩類主要的加速試驗進行了比較。

表 6-2　兩類主要的加速試驗

試驗	目的與方法	註解
加速壽命試驗（ALT）	使用與可靠性（或者壽命）有關的模型，透過比正常使用時所預期的更高應力條件下的試驗來度量可靠性（或壽命），以確定壽命多長。	要求： 了解預期的失效機理； 了解關於加速該失效機理的大量信息，作爲加速應力的函數。
加速應力試驗（AST）	施加加速環境應力，使潛在的缺陷或者設計的薄弱環節發展爲實際的失效，確認可能導致使用中失效的設計、分配或者製造過程問題。	要求： 充分理解（至少要足夠了解）基本的失效機理。 對產品壽命的影響問題做出估計。

Note

第7章
引進與維持

本章內容

7-1 目的

7-1-1 「引進與維持」是做什麼

對「引進與維持」來說，即使是有效果的對策，也有可能無法引進到現場中。為了提高對外國顧客的服務，以英語接待雖然是有效的，然而對引進來說，培養能說英語的幕僚才是所需要的。

7-1-2 為了大幅改善

與其以既有系統為前提進行改善，不如從更廣的觀點引進新系統更為需要。譬如引進利用新的機器人來裝配的系統時，包含操作方法在內，從事教育是需要的。

7-1-3 工具的全貌

對策的引進與管制中，標準化是基本。標準化是為了能確實進行相同的處理，以及實際能容易使用而決定步驟的活動。因此從下節起說明標準化的想法，並且引進對策時，有照預定進行的情形，也有未照預定進行的情形，因之日程的變更管理也是很重要的。

實施標準化與維持管理的要點：
1. 提高作業員的品質意識
   優良質量的產品或服務，絕非偶然產生的，必須對每一個作業員灌輸重視品質的觀念，以及對品質負責的態度。在生產現場，必須提高「品質是在製程中形成的」這種意識，才能滿足規定的品質標準。品質意識即是對「品質」的想法與認知的方法。
2. 有效運用管理方法防止不良再發
   影響製程的原因很多，想了解製程是否處於管制狀態，或欲維持製程在管制狀態，有許多手法可以使用。有效運用具有防止不良再發作用的手法來獲得效果甚為重要。有時候，一點小錯誤就會給顧客帶來偌大的麻煩。寫錯數字、東西由高處落下、異品混入等，看來微不足道的疏忽，都可能造成無可挽回的事故。對於這些疏忽，一定要設法消除。欲消除上述這些人為錯誤，一般可應用愚巧法（fool-proof）而設計出：
   ・即使外行人操作也不會錯的結構。
   ・任何人都不會做錯的結構。
   ・好像會發生錯誤時，能防患未然的結構。

Note

7-2 將作法標準化

7-2-1 標準化

1. 發現好的作法以步驟表現

結果的標準化雖然需要，但過程的標準化是為了使生產的產品品質、提供的服務品質安定化不可欠缺的。標準化並非像統計的手法那樣步驟確定，而是發現好的作法，將它以步驟的方式來表現的一連串活動。

譬如有一家從事電鍍處理的工廠，想考察使電鍍品質安定化。對電鍍的品質來說，像原料、通電時間、電解液的狀態、洗淨方法等許多因素會造成影響。像這樣有各種要因對結果造成影響，因之如未決定其作法，最終結果是不安定的。

2. 標準化的活用要點

在過程的標準化方面：

(1) 設定適切的標準。

(2) 利用教育訓練等建立能遵守標準的狀態。

(3) 使之能遵守標準

上述三點是很重要的。

首先就 (1) 來說，設定標準使結果能夠變得理想。在電鍍的例子中，調查品質變好的通電時間與原料，將它作成標準記述在作業步驟當中。在大飯店的例子中，考察讓顧客具有好印象的應對方法，並將它作成標準。

其次就 (2) 來說，需要建立能遵守標準的環境。在顧客應對手冊中只是記述著「如對方以英語交談，就必須以英語應對」時，是無法提供服務的。為了能以「英語應對」實現，教育是有需要的。

另外就 (3) 來說，需要依從過程的標準去從事作業、或提供服務是自不待言的。此實踐的準備階段是 (1)、(2)，因之對於遵守標準的重要性，要具有共同的認知才行。在實際的場合中，未依從過程標準的例子屢見不鮮。雖有標準，卻未遵照標準進行作業，對此種情形來說，要從「不知道、不會做、不去做」的觀點去檢討。首先必須知道標準為何物，在這方面讓標準普及的活動是需要的，「不會做」時，雖然知道標準卻無法遵行，因之使標準成為實際的標準或從事教育、訓練是有需要的。最後的「不去做」，是未充分傳達標準的重要性時所發生的。應充分教育如未遵從標準會發生何種問題，使之了解嚴重性。所謂「知而行之則善，知而不行則恥，不知而不行則庸」。

「標準」一個大家既熟悉又陌生的詞彙，廣義來說，凡是促進眾人合作達成某一目的，支配和影響人類的日常生活以及市場運作的要素，都是標準的範疇。若狹義來定義「標準」和「標準化」，根據 2009 年 7 月 29 日所修訂公布的 CNS 13606（2004 年第 8 版 ISO Guide 2），定義「標準（standard）」為「經由共識所建立且由某一認可的機構核准，提供共同與重複使用於各項活動或其結果有關的規則、指導綱要或特性所建立之文件，期使在某一特定情況下獲致秩序的最適程度。標準的制定須依據科學、技術及經驗的統合結果，其目的在促進社群的最適利益。」。「標準化（standardization）」則定義為「在一定的範疇內，針對實際或潛在的問題，建立共同而重複使用的條款之活動，以期達成秩序的最適程度。此標準化活動，特別包括標準之制定、發行及實施等過程，其主要利益是改進產品、過程及服務之適切性，以達成預期目的，防止貿易障礙，並促進技術合作。」更專業一點來談，標準化體系依標準化的適用層次，其標準可以分作公司標準、團體標準、國家標準、區域標準、國際標準等 5 種；若依標準的內容區分，標準可分作基本標準、術語標準、測試標準、產品標準、過程標準、服務標準及介面標準等 7 類；依專業分工，標準又可再分作電機、電子、食品、環境保護等不同領域類別，以此 3 個維度構成全球標準化體系。

7-3 設想引進對策的方式

本節擬介紹的 PDPC 與箭線圖，可於事前設想所預料到的困難，或事前在時間軸上擬訂計畫，對順利引進對策是有幫助的。它的本質是顯示可設想的事態與應對方式。

7-3-1　PDPC 法

1. 畫出將來的腳本

所謂 PDPC 法像是從事某活動時的最佳腳本、次佳腳本等，事先設想幾個活動的流程，以及要做什麼，使之明確的手法。PDPC 法是來自「過程決策規劃圖 Process Decision Program Chart」的英文第一個字母而得。此方法是 1968 年爲解決東京大學的紛爭而表現其活動，由東京大學教授近藤次郎博士所想出。利用此法有以下幾點好處：(1) 可以預測事態變成如何、(2) 活動的重點應放在何處變得明確、(3) 有關人員想要如何進行活動可謀求意見一致。

2. PDPC 法的活用例

範例如圖 7-1 所示，圖中所設想的事態有 A、B、C 三個，依照各自的狀況，有對策 A、B、C。像這樣將事前的設想視覺化，使之能成爲共同的認知。又更具體的例子會在第 8 章的實踐例 3 中介紹。

針對活動圖中最底層的活動，PDPC 會增加以下的層次：
1. 識別可能會出錯的事（失效模式或是風險）。
2. 失效後的結果（結果或影響）。
3. 可能的對策（風險緩釋行動計畫）。

3. PDPC 法的活用要點

第一個要點是適切地列舉對活動造成影響屬於致命性的事態。PDPC 法本身不但作圖簡單也容易理解。適切密集有關人員的知識，事前設想此致命性的事態是需要的。

第二個要點是對不清楚的事態應用 PDPC 法。PDPC 法常用來列舉已知的事態、對策容易的事態等。如此作法是簡單但本末顛倒的。於事先找出會變成如何不得而知的事態，此種心態是需要的。

第三個要點是掌握層級。如果在部層級中考察時，在部層級中就要一致，另一方面如果是個人層級時，在個人層級中就要一致。活動的事件個數如未控制在 30～50 左右時，洞察就會變得不佳。在大規模的情形中，依照部層級、個人層級分成數張來記載是最好的。

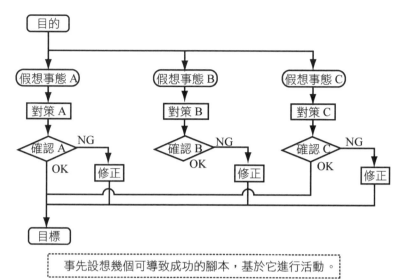

圖 7-1　描畫將來腳本之 PDPC 法

7-3-2　箭線圖

1. 使活動的前後關係容易了解

　　所謂箭線圖（Arrow Diagram）是使用箭線，使活動的前後關係與流程變得容易了解。所謂活動的前後關係，是指當組合零件 A 與零件 B 製造產品 C 時，如要製造產品 C，零件 A、B 需要分別完成之意。即使只提高零件 A 的生產速度，如果零件 B 的生產速度沒有提高的話，整體而言的速度並未提高。

　　哪個部分是決定製程的時程，以及何處有寬裕時間，使之明確的是箭線圖。通常製作箭線圖之後，要找出決定活動時程的關鍵路徑。所謂關鍵路徑（critical path）是該處的過程發生延誤時，整體也會發生延誤的過程。

2. 箭線圖的活用例

　　某辦公室中像大型螢幕、書架、無線 LAN 網路的設置工程是需要的，此時所製作的箭線圖如圖 7-2 所示，圖中所有的作業形成直列的情形即爲圖 7-2(a)。若以縮短全體的工期爲目的，將地板工程分成地板臨時補修、地板正式補修、地板加工，將工程並列化者即爲圖 7-2(b)。此外關鍵路徑在此圖也一併表示當牆壁補修、書架設置如延誤時，整體的工期也會相對變長，因此這些需要充分加以管理。

(a) 直列的情形 (至完成爲止 14 日)

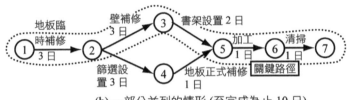

(b) 一部分並列的情形 (至完成爲止 10 日)

> 對於將一部分製程並列化縮短全體的日程來説，使前後關係明確的箭線圖是很方便的。

圖 7-2　利用箭線圖縮短全體日程例

3. 箭線圖的活用要點

　　關鍵路徑上的工程估計要愼重實施。如先前工程的細分化例子，要縮短全體的工期時，與它有關的估計要愼重進行。對此來説，像類似專案的進展狀況等，要積極活用過去的知識。

1985 年以前，排定專案進度的工具只有長條圖（Bar Chart）而已。自從亨利‧甘特（Henry Gantt）用長條圖說明一項全國性系統的進度後，從此人們就把長條圖稱爲「甘特圖」（Gantt Chart）。長條圖製作簡單，也容易看懂，至今仍是專案小組間溝通的利器，可以讓專案成員一目了然期限內需完成多少工作；相較之下箭線圖（arrow diagram）就有點複雜。不過若是爲使專案成員了解某些作業之間的關聯性，和及時完成的重要性，箭線圖就變得很有用。長條圖有個很大的缺點，就是很難看出某項作業的延誤，會對其他作業造成多少衝擊。原因是原始的長條圖中，並沒有把作業間的關聯性表達出來。爲了克服這缺點，在 1950 年代晚期與 1960 年代初期，分別發展出兩種解決方法；兩種都是利用「箭線圖」來描繪專案中各項作業的先後或平行關係。其中一項方法是由杜邦（Du Pont）開發的要徑法（Critical Path Method, CPM）；另一項方法是由美國海軍以及布艾漢顧問集團（Booze, Allen, and Hamilton Consulting Group）共同發展出來的計畫評核術（Program Evaluation and Review Technique, PERT）。基本上要徑法（CPM）與計畫評核術（PERT）的主要差異在於，眞正的計畫評核術須使用機率計算，而要徑法卻沒有。換句話說，使用計畫評核術可以計算一項活動在某一段時間內，可以完成的機率有多少，而要徑法就做不到這一點。

7-4 使對策能安全、確實地運作

7-4-1 愚巧法

1. 改變體系使之不發生失誤

所謂愚巧法（fool-proof）是改善作業的作法，設法使應實施的作業即使未被實施，作業的結果仍能往好的方向進行的一種活動。fool 是「愚笨」之意，proof 是「避色」、「防止」之意，fool-proof 也稱為「防呆法」、「防錯法」，此處稱為「愚巧法」。

人們的作業一定會有失誤纏身。為使失誤的機率減小，雖利用各種教育是可以做到，但降低到零卻是不可能的。因此當發生失誤時，不使作業的作法往壞的方向去運作，為此所進行的活動即為愚巧法。另外與此相似的用語有 fail-safe。這是探索故障（fail）發生時，以整體來看仍能往安全方向進行的作法。

在愚巧法方面，「消除」作業本身是最具效果的。如果不從事作業，愚笨就不會發生。如果無法消除該作業時，可以讓機械「替代」人來做。機械的引進也有困難時，使此作業變得「容易」。此種原則稱為「消除」、「替代化」、「容易化」。也有並非因應作業本身，使發生失誤容易檢出或緩和其影響的對策。

2. 愚巧法的活用例

電鍍加工零件的過程中，在電鍍槽電鍍後要使之乾燥。於電鍍槽中將零件從垂吊的冶具中卸下乾燥時，「卸下」發生刮傷，或乾燥時出現傷痕。因此消除「卸下」的作業，改變乾燥機的形狀使之不從冶具卸下仍能乾燥。此例如圖 7-3 所示，這是利用先前的「消除」原則，消除由冶具卸下作業的一種愚巧法的例子。

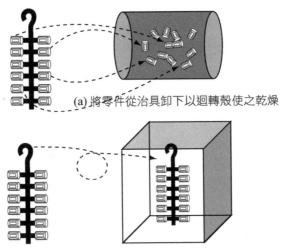

(a) 將零件從冶具卸下以迴轉殼使之乾燥

(b) 將零件照樣裝在冶具中使之乾燥

> 零件的刮傷，是在未乾燥的狀態下於卸下時發生，因之消除此過程。

圖 7-3　不易發生失誤的愚巧法：電鍍工程中防止受傷例

另外於電鍍槽固定冶具時，如弄錯其固定場所時，電鍍膜厚會發生變異。因此為了不使冶具的固定場所弄錯，加裝了說明垂吊位置的指針（guide），這是基於「容易化」的愚巧法。

3. 愚巧法的活用要點

第一個要點是發現失誤後要進行愚巧化時，可思考類似的失誤以利防患未然。當有失誤時，使之不再發生因該作業失誤所造成的問題，這是相當重要的。並且讓此想法發展下去，思考類似的失誤，儘管類似的失誤還未發生，仍事先進行愚巧化，以利有備無患。

第二個要點是要認清失誤並非作業員的責任，而是製程管理者的責任。失誤雖然容易想成是作業員的責任，但有必要被認為是使作業易發生失誤的管理者責任，以此想法去推進有組織的愚巧化。

防錯的日語是 Poka-yoke，英語又有 error-proofing 的說法。中文又翻譯成愚巧法、防呆法。意思是透過一種傻瓜化的方法，運用防錯技術或裝置，消除產生差錯的條件或者降低出錯機率，進而杜絕缺陷。

防錯法的運用結果就是，即使有人疏忽也不曾發生錯誤，作業過程不需要人的注意力；不需要特別的知識和技能，即使沒有訓練過的工人操作也不會產生錯誤；也不會因為疲勞程度而產生錯誤，任何人任何時間都能保持正確的操作結果。

那麼如何才能做到防錯呢？

1. 消除（Elimination）
通過產品和製造工藝的重新設計，消除產生失誤的機制。消除法是最好的方法，消除發生問題的根本原因，是源頭防止失誤和缺陷的發生，是預防性方法。

2. 替代（Replacement）
用機器人或自動化生產技術替代現有的製造工藝。利用設備改造可以替代人員操作，但是資金投入較大。

3. 簡化（Facilitation）
合併生產步驟，利用 IE 工業工程知識進行工藝改造，使生產過程更加簡單。

4. 減少（Mitigation）
如採用保險絲進行過載保護可以將失誤降至最低。

5. 檢測（Detection）
如使用軟體進行檢測，失誤時自動報警，防止缺陷的產生和擴大化。

（原文網址：https://kknews.cc/news/m6lggr2.html）

7-4-2　QC 工程表

1. 表示製程的管理體系

　　所謂 QC 工程表（圖）是指零件或材料組合後至完成產品為止的流程，與管制項目、管制方法一起表現的表（圖）。換言之與要做什麼？如何管制？一起加以整理。

　　QC 工程表中需要包含製程的流程、零件、管制項目、管制水準、表單、數據的蒐集、測量方法、使用設備、管制狀態的制定方法、異常時的處置方法等一連串的資訊。對於「此製程要如何管制呢？」的問題來說，最直接的回答即為「QC 工程表」。

　　QC 工程表不僅是產品的生產，對服務也能應用。QC 工程表的本質，是使用何種資源、如何管制，因之服務過程的流程、管制項目、管制水準、服務品質的測量方法等，即為此情形中的記述要素。

2. QC 工程表的活用例

　　電鍍製程中的 QC 工程表如表 7-1 所示。此電鍍製程是由前處理、銅電鍍、鎳電鍍、金電鍍之過程所形成，此表敘述其概要與鍍金過程。其中記載有作業內容、管制項目、管制水準等，從此例來看，進行何者的管制變得一目了然。

基本上 QC 工程表的內容，須明確地表示下列三個重點：
1. 製造工程的流程。
2. 製造工程的內容，以及運用 5W1H 記載的管理基準。
3. 品質管理基準。
也就是 QC 工程表訴求內容的重點，不要求或侷限表格形式，各企業可自行決定適合自社的 QC 工程表格式，或者依循顧客的要求訂定。

表 7-1　整理工程的管制方法之 QC 工程表：電鍍工程例

工程	作業內容	管制項目	管制水準	記錄方法	負責單位	異常報告	備註
前處理	形狀確認	剝落目視	無缺點	全數、目視	A 生產線	異常報告書	
	尺寸確認	長度	20 ± 0.05 mm	抽樣、管制圖	〃	〃	
	預備洗淨	洗淨時間	1 分 ± 10 秒	查檢表	〃	〃	
	⋮						
鍍銅	電鍍處理	通電時間	2 分 ± 3 秒	查檢表	B 生產線	銅電鍍報告書	
	⋮						
	檢查	剝落目視	無缺點	全數、目視	B 生產線	銅電鍍報告書	
鍍鎳	電鍍處理	通電時間	1 分 ± 2 秒	查檢表	B 生產線	鍍鎳報告書	
	⋮						
	膜厚測量	厚度	30 ± 3 m	抽樣、管制圖	B 生產線	異常報告書	
	外觀檢查	剝落目視	無缺點	全數、目視	B 生產線	鍍鎳報告書	
鍍金	液金濃度調整	金濃度	0 克 /L	測量基法 X	C 生產線	鍍金報告書	
	電鍍處理	通電時間	2 分 ± 3 秒	查檢表	C 生產線	鍍金報告書	
	⋮						
	膜厚測量	厚度	75 ± 5 m	抽樣、管制圖	C 生產線	鍍金報告書	
	外觀檢查	剝落目視	無缺點	全數、目視	C 生產線	鍍金報告書	

QC 工程表是理想製程中品質管理的基本，包含像作業內容、管制項目、管制水準等。

3. QC 工程表活用的要點

　　第一個要點是來自上游階段的產品設計與管制項目、管制水準的連結。設計階段中所決定的規格，使之能確實實踐正是 QC 工程表的目的。管制項目與管制水準如不適切時，產品或服務就無法按照規定。

　　第二個要點是依據 QC 工程表的管制方法要澈底周知。其表的製作是與管制方法的決定相對應，故 QC 工程表的製作人需要在澈底理解後，再進行管理。

QC 工程表也有人稱為「QC 工程圖」、「QC 管理圖」或「管理工程圖」……等。在日式品質管理中，QC 工程表是品質保證體系（QA）極為重要的工具。多方了解 QC 工程表有助於靈活運用—不論是複製使用、整合運用或者是取其長者，都會有所助益。

QC 工程表是一個匯整製品每一個工程所有品質特性、管理方法的表格，工程依製造流程從製品原材料或零組件進料開始，直到最終製品（產品）出貨為止。

為了保證製造工程的品質，確保不接受不良、不製造不良以及不流出不良，必須明確表示各工程的「製品特性」、「工程特性」，由誰、何時、用何種方法進行確認與記錄之管理方法。

第8章
改善的實踐案例

本章內容

8-1 實踐案例 1：電鍍產品品質的改善

本例是某電鍍製程中的品質改善，使用了 QC 七工具等基礎手法，如適切地使用基礎手法時，即可進行改善。

8-1-1　背景的整理

A 公司是針對由顧客攜帶進來的電子零件施予鍍金處理，再交貨給顧客。此次以新顧客來說，是與 B 公司簽訂契約。電子零件的概要如圖 8-1 所示。這是被用來當作電子零件的接點。

鍍金處理（gold-plated）是應用電鍍法（gilding）來進行。如圖 8-1 是在包含金溶液中固定零件再通電，此作法可使溶液中的金屬附著於零件的表面。本製程是以 100 個單位進行電鍍處理。

此電鍍處理有契約上的種種要求，以其中一個來說就是電鍍的膜厚。這是指在某個特定部位的電鍍膜厚要在 70 m 以上 80 m 以下，此外也舉出不可有表面的刮傷、剝落、過多膜厚等。

為了使數據的蒐集容易，可製作如第 3 章圖 3-3 所介紹的查檢表（參照第 3 章 3-2-1）來進行數據的蒐集。一次的電鍍處理是電鍍 100 個零件，再從中隨機抽樣 5 個零件，全部共 30 次的電鍍處理，合計蒐集了 150 個數據。

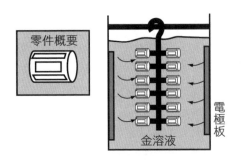

在包含金溶液中導電後，金出現在零件表面形成電鍍膜所使用的電鍍法。

圖 8-1　零件的概要與鍍金的基本原理

根據此數據所製作的柏拉圖，為第 2 章的圖 2-1（參照第 2 章的 2-2-1）。從此圖得知電鍍不良有一半以上是膜厚不足，因此此次的改善是降低電鍍膜厚不良。

8-1-2　現狀的分析

1. 整體的傾向

由 150 個電鍍膜厚的數據所作成的直方圖，如圖 8-2 所示（參照第 3 章 3-4-1）。在此直方圖中，膜厚的分配是一個山形，可以認爲並無特別的異常原因，也可知變異比規格界限還大。如計算工程能力指數時是 0.3，有需要降低變異，由以上事項把問題集中在降低變異。

2. 時間序列的檢討

原本的數據是依據 30 次的電鍍處理，爲檢討此 30 次中是否有變動，製作了管制圖（參照第 3 章 3-5-2）。此管制圖如圖 8-3 所示，在此圖中，斟酌平均與變異有無變化，所有的點均落在管制界限內，並且點的排列也無習性。因此平均與變異可以認爲每日在相同的狀態下生產著，亦即每次均同樣地生產出不良品，即出現所謂慢性不良的狀態。

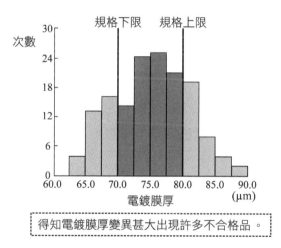

得知電鍍膜厚變異甚大出現許多不合格品。

圖 8-2　電鍍膜厚不良的直方圖

在直方圖中得知變異是有問題的，且在管制圖中得知每次的處理均同樣地出現有變異的狀況。由此調查每次處理的變異以探索降低不良的線索。

8-1-3　要因的探索

圖 8-3 的管制圖對要因的縮減特別有效。電鍍膜厚的要因爲數甚多，在特性要因圖（參照第 4 章 4-2-1）中「鍍金溶液」的調整是電鍍膜厚的要因之一。這是使用鍍金溶液處理鍍金時，金會形成電鍍膜出現，因之是追加金成分的一種調整。此鍍金溶液的濃度調整如未順利進行時，膜厚就會有變異，因之被認爲是電鍍膜厚不良的要因。但是如觀察圖 8-3 的管制圖時，每次均同樣地產出不良品。如果金濃度調整是原因而出現變異時，在 30 次的鍍金處理之間會有變動的出現，可是圖中 30 次的鍍金處理間

並無變動。因此說明並非金濃度調整之原因造成電鍍膜厚的不良。基於與此同樣的理由，對處理間的變動造成影響的要因，此次不需要考慮。

此後爲了調查每次的處理內部之變異，就同時所處理的 100 個零件蒐集數據，對應電鍍槽內部零件的垂吊位置製作點圖，此結果如圖 8-4 所示。由此圖得知電鍍槽的上部與下部整體而言較厚，中央部分較薄，因此著眼於電鍍槽需要就此考慮對策。

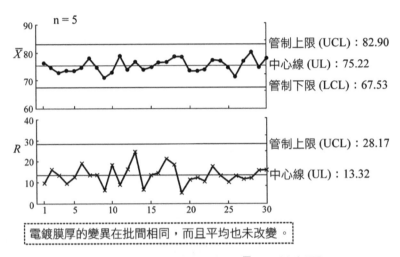

圖 8-3　電鍍膜厚不良的 $\bar{X} - R$ 管制圖

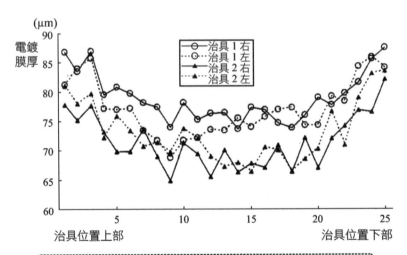

圖 8-4　同時被處理的零件之點圖

8-1-4　對策的研擬

以電鍍槽內部變異的原因來說，從技術的觀點可認為是電流密度要集中。雖然使用類似產品的冶具、零件垂吊位置，但因零件形狀的微妙差異，被認為是造成電流密度的不均一。因此為了使電流密度均一，故使用了新的冶具、零件垂吊位置，當作降低膜厚變異的對策。

8-1-5　效果的驗證

實踐電流密度均一化的對策，將 100 個處理重複 4 次。結果不合規格的不良率降低為 0.5%，工程能力指數提高為 1.45，甚至以前因上下位置造成的變異也消失，由此可知對策是有效的。

8-1-6　引進管制

由於明白先前對策的有效性，乃將冶具、零件的垂吊位置標準化後再引進。此次的不良儘管是新零件，仍因零件形狀相似的理由，使用過去的冶具、垂吊位置才發生的。因此今後不照過去使用的垂吊位置，斟酌形狀的類似性引進可確認是否安定的作法。將此引進以 QC 工程表（參照第 7 章 7-4-2）即如表 8-1 所示，對同樣的不良發生實施了防患未然。

表 8-1　隨著使用冶具、設置位置的變更而改訂 QC 工程表

工程	作業內容	管制項目	管制水準	記錄方法	負責者	異常報告	備註
鍍金	鍍金濃度調整	金濃度	0 g/L	測量基準 X	C 生產線	鍍金報告書	
	⋮						
	冶具設備	冶具 X 使用設置場所	配合導線	查檢表	C 生產線	鍍金報告書	
	⋮						
	外觀檢查	剝落	無缺點	全數、目視	C 生產線	鍍金報告書	

8-1-7　本例的重點

本例的重點是「基於現狀分析縮減要因」、「系統式的解析」、「不良的再發防止與類似問題的防患未然」。

以「基於現狀分析縮減要因」來說，根據圖 8-4 的圖形，得知金濃度調整與許多要因並無影響，像這樣適切分析數據時，在無數存在的要因之中，可忽略何處或將焦點鎖定何處即可得知。這就像從所列舉的嫌疑犯中有許多的嫌疑犯已證實是無罪的，乃從搜查的對象中除去，因之縮減嫌疑犯後，搜查變得更為容易。

其次是「系統性的解析」，在柏拉圖中查明出問題是電鍍膜厚，接著探究出變異是問題所在，並且找出該變異是不依處理而改變的慢性不良。經詳細調查處理，查出變異發生的原因是電鍍槽，以此去縮減問題的系統性過程，可當作本例的第二個重點。

此外關於「不良的再發防止與類似問題的防患未然」，首先為了不良品的再發防止，就治具垂吊位置進行標準化。以及以類似產品的防患未然作為目的來說，當沿用類似產品時，把要考量的作法當作 QC 工程表引進。

◎本例中所使用的改善手法
・查檢表
・直方圖
・管制圖
・QC 工程表
・柏拉圖
・工程能力指數
・特性要因圖

Note

8-2 實踐案例 2：大飯店中提高顧客滿意度

本例是以既有的大飯店為基礎進行改善，設法提高顧客滿意度。實踐平常經常可見到的問卷調查，以統計的方式分析其結果後，再實施改善。

8-2-1 背景的整理

A 大飯店是位於市中心、其客房數大約有 500 間的大規模飯店。基於附近有幾家休閒設施，並且位於市中心等理由，此大飯店的主要顧客是度假客與商務客。

近年來，價格幅度、顧客層相似的競爭大飯店於附近節比林立，因此以 A 大飯店來說，與競爭者的服務差異化即為課題所在。於改善之時，封閉全館大規模的更新並非此次的目標。門房（concierge）等部分的變更是可行的，但改裝工程等大規模變更是不行的。換言之，改訂服務提供手冊等或利用若干的設備更新來改善，即成為改善的目標。

此改善專案需要在三個月實施。在正式的度假旺季到來之前，需要完成此次的改善案，乃設定了三個月的期限。

8-2-2 現狀分析

1. 方針

此大飯店雖然進行過顧客滿意度調查，但不是積極地蒐集意見，而是將問卷與信封或便條放在一起提供給顧客。另一方面，來自顧客的抱怨則積極地保留。抱怨畢竟是顯在化的不良，也不能說是表現顧客的潛在不良，從這些來看：

(1)首先實施預備調查。

(2)其次再實施正式的問卷調查。

在如此的方針下調查顧客滿意度，尋找有效的對策。直接調查顧客滿意要考慮的要因甚多，因之先實施預備調查，設定某種程度的目標再進行正式調查。

2. 預備調查

利用以下的方式列舉影響顧客滿意的服務：

(1)利用從業員進行腦力激盪。

(2)蒐集過去以來的客訴。

(3)向顧客說「No」的經驗。

利用從業員的腦力激盪（參照第 4 章 4-3-1），從櫃台服務、餐廳、客房、商務中心等種種觀點，列舉影響客訴或顧客滿意的服務。結果包含類似在內超過 200 項，其中一部分表示在第 4 章表 4-1 中。

又以 (2) 來說，重新查閱過去兩年間的記錄，列舉出抱怨的項目加以整理。另外就 (3) 來說，從業員在過去就顧客的請求說出「做不到」、「對不起」的事項。

在表 4-1 所表示的要因，包含著類似性高者或低者等許多項目。因此首先將這些如第 2 章圖 2-2 作法，根據類似性等整理成親和圖（參照第 2 章 2-3-1）。接著為了定量性地整理，以 100 名受試者為對象進行預備調查。就 100 名的回答如第 4 章圖 4-7 的作法，應用主成分分析定量性地整理它的構造。

依據此主成分分析（參照第 4 章 4-5-2）的結果，就大飯店服務品質的構造，如同表 8-2 櫃台服務的例子加以整理，其他地方也進行同樣的展開。經由此種作法，將顧客的需求按構造進行整理。

8-2-3　要因的探索

根據表 8-2 的構造化項目，實施顧客滿意度調查。為了能積極地獲得許多顧客的回答，縮減成少數的詢問項目，實施如第 3 章圖 3-4 所示的問卷調查。此時為調查全體滿意度與要素滿意度之關聯，規劃了有關整體滿意度的問題與要素滿意度問題。

實施此問卷調查後獲得了超過 1,000 人的回答。以整體的滿意度來說，平均屬於「好」、「相當好」的居多，大致是好的評價。可是其中也有評價「壞」的顧客。因此對這些雖然作出了散佈圖（參照第 4 章 4-4-1）但關聯仍不清楚。譬如以所有顧客為對象，相關係數是 0.1 左右，看不出有明顯的關係。

表 8-2　對大飯店的要求的整理：櫃台服務之例

主要業務	過程	1 次要求	2 次要求
受理	登記	登記的正確度	意圖傳達
			了解潛在意圖
			有正確的說明
		速度	有迅速的說明
			立刻回答
		應對柔和	緩和
			穩重的氣氛
		要求傳達	了解意圖
			能說明可提供的服務
	查證預約	預約的確認	（略）
		預約資訊偏差的處理	
	房間分配	空房間的分配	
		顧客資訊的蒐集	
洽詢	洽詢受理	掌握意圖	
		⋮	
	回答	回信正確	
		⋮	
支付	⋮	⋮	
	⋮		

根據腦力激盪法、預備調查的主成分分析結果，將對大飯店的要求構造式的整理，容易掌握顧客的要求。

就整體與要素的滿意度來說，按顧客的輪廓予以層別來檢討。其中一部分結果如圖8-5 所示，可知度假客與商務客的傾向是不相同的。亦即商務客的情形是以商務中心的使用方法與全體滿意度有較強的相關，此相關係數是 0.57。

度假客的情形，則以迎送、寄物的服務與全體的滿意度有較強的相關。由這些結果得知，對商務客來說如改善商務中心的服務，對度假客如改善與迎送有關的服務時，整體的滿意度就會提高，獲得了如此的假設。

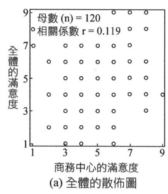

(a) 全體的散佈圖

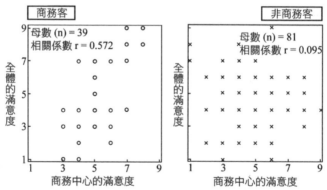

(b) 商務客與非商務客所層別的散佈圖

未將顧客層別時，看不出商務中心的滿意度與全體滿意度之關係，如層別時，即可看出關聯。

圖 8-5　以客層來層別的商務中心滿意度與全體滿意度的散佈圖

8-2-4　對策的研擬

　　為改善商務客的滿意，故調查商務中心的紀錄。發現對於緊急資料的應對、大量列印等與影印相關服務，或對於顧客筆記型電腦的事故，回答無法應對等事實。

　　以這些為線索，「為了使顧客在大飯店中也能與自己辦公室有相同的工作環境」，想出了許多服務。像先前複印或電腦事故，並非由大飯店的雇用人員來處理，而是與影印業者或電腦維修業者合作，做到能立即因應。此外像文件整理等縮短時間內的支援服務來說，也與人才派遣公司合作。

　　另外對於迎送或顧客的寄物時間來說，雖然有回答「No」的事實。對這些來說，像延長物件寄放時間，或與計程車公司合作進行接送等，準備了各種的服務。

8-2-5　效果的驗證

　　對於商務中心「大飯店中儼如自己辦公室一般」的種種對策，以及以度假客為對象如預約、迎送、寄物等引進對策之後，顧客的風評變好，確認了上述對策的有效性。

8-2-6　引進與管制

　　對策的檢討期間是由特定的人員在負責，可將此當作標準式的服務來提供，並列入服務提供手冊中。此外與影印服務公司、計程車公司等詳細檢討，設法作到滴水不漏（seamless）的服務。

8-2-7　本例的重點

　　本例的第一個重點，是活用顧客滿意度調查改善服務的品質。顧客滿意度調查的目的，是將服務品質的評價與該品質有關的要素使之明確化。本例是從解析結果將顧層分成商務與度假，並針對它們採取對策，以提高顧客滿意度為目標。

　　第二個重點是事先廣泛蒐集顧客的心聲，將它縮減後再設計問卷的作法。在這方面，針對顧客說「不」的事項作為線索進行探索，從業員根據經驗實施腦力激盪等，從各種立場蒐集顧客的心聲。接著以主成分分析等進行分析，再構造式加以整理。此整理即為尋找對策時的線索。

　　第三個重點是利用與外部服務公司的合作，刪減改善的成本及提高實現的可能性。通常為了創造出新的服務而配置人員，但如此會使體系吃重。為了避免此點，利用與外部組織的契約，以提供更好的服務作為取向。

◎本例中所使用的改善手法
・腦力激盪法
・多變量分析
・散佈圖
・親和圖
・問卷調查

8-3 實踐案例 3：短期留學計畫的設想

本例是某旅行代理店活用機票、大飯店等安排經驗，設定短期留學計畫。其中透過周密的市場分析將目標鎖定在短期留學者，利用假設性的調查創造出新的服務。

8-3-1 背景的整理

某旅行代理店不光是機票、大飯店的安排，像訪問美術館、參加當地各種活動等，也企劃及提供「與當地結合的旅行」。但是若服務缺乏新穎，銷售業績也不亮眼。

「與當地結合」簡單的說也是有許多考量。如期間太長時，手續就會很複雜。此次的服務，是由該公司的兩位負責人在能力範圍內，以半年左右開發出新的服務。

8-3-2 現狀的分析

留學生人數如圖 8-6 所示一直在增加，學生的旅行變得輕鬆愉快，不僅畢業旅行也利用暑假、春假。因此企劃以此種學生為目標，並且如觀察圖 8-6 所示的大學生意識調查時，有著培育「溝通」與「語言能力」等意願。從這些來看，考慮以學生為對象設定短期留學計畫。如果是短期留學似乎可活用過去與地域密切接觸的經驗，創造出新的服務。

為了對短期留學更具體地檢討，分析了競爭服務的特徵與學生的評價，並依循以往的服務經驗，就兩個月左右的短期計畫來思考企劃。

8-3-3 要因的探索

以較為理想的留學計畫為目標，召集有留學經驗者、預定留學者等實施腦力激盪法，結果蒐集了超過 200 件的心聲。根據此結果，將要求品質按第 1 次、第 2 次地展開，以品質機能展開如第 5 章圖 5-5 作法加以整理（參照第 5 章 5-4-1）。

在留學方面，重要的要因有語言、文化的交流、期間、場所、學習與時間的平衡等。對於這些可以想到種種的組合，乃從中選出顧客評價最高者。

8-3-4 對策的研擬

配合實驗計畫法（第 5 章 5-3-1）與迴歸分析（第 4 章 4-5-1），並應用聯合分析探索顧客的要求。這是指利用實驗計畫法部分性地取出顧客的要求，再利用迴歸分析分析其評價後，以探索潛在的要求。

此次的情形是取出語言、文化交流、期間、場所、學習與時間等 5 個要因。這是在先前圖 5-5 的品質機能展開中，考慮提供留學計畫者能決定的橫軸方向後所決定的。對於這些要因，向回答者打聽時，會變成許多的組合。如此效率不佳因使用實驗計畫法，以 8 次的評價讓回答者評價「想參加此留學看看嗎？」其解析結果即為第 5 章的表 5-4。對此回答者的情形來說，充分學習語言是最重要的，接著是以夏季 8 週來進行為次重要。

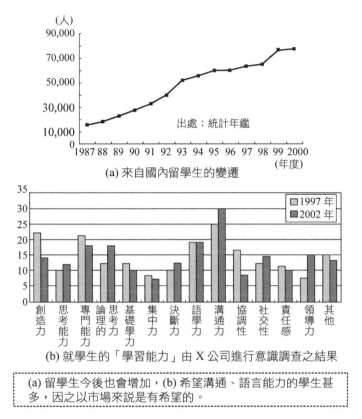

(a) 來自國內留學生的變遷

(b) 就學生的「學習能力」由 X 公司進行意識調查之結果

> (a) 留學生今後也會增加，(b) 希望溝通、語言能力的學生甚多，因之以市場來説是有希望的。

圖 8-6　留學市場的分析

　　同上分析所有對象者的回答之後，「短期間想充分學習語言」、「想一面考慮文化的交流一面學習」是主要的兩個類型。因此決定提供兩者的服務，並更仔細地檢討。

8-3-5　效果的驗證

　　就先前所得出的兩種留學方式，為了取得顧客的評估，實施了問卷調查（第 3 章 3-2-3），結果與既有的計畫相比，得知顧客對新計畫風評較佳。

8-3-6　引進與管制

　　為了提供新的服務需要考察宣傳活動，且為使日程安排明確，利用箭線圖（第 7 章 7-3-2）與 PDPC 法（第 7 章 7-3-1）實施檢討，一面制定幾個方案一面進行。照目標針對夏季的留學開始受理，實現了夏季留學計畫。

8-3-7　本例的重點

　　本例的第一個重點是將假想的留學計畫讓回答者評價，以統計的手法分析其結果，以企劃出最好的留學計畫。像期間、場所、目標等，以留學計畫來說要設定的要因有許多，選出最好的組合甚為困難。將它利用實驗計畫法與迴歸分析之組合，並利用聯合分析來實現。

　　第二個重點是讓內部的流程不改變，從顧客的觀點提供新的服務。亦即，從顧客來看時，雖然過去是不太有彈性的留學服務，但以內部流程來看，卻是幾乎應用既有的體系。尋求新的服務雖然重要，但從什麼到什麼均要新型時，有可能迷失活動本身的方向。本例適切地在新系統與既有系統中取得平衡，在既有系統甚少變更下，實現新的服務。

　　第三個重點，是在創造出新服務時，專心地進行市場分析，利用數據檢討有無市場的價值。並非思緒閃現地「投入此市場」的作法，而是經 (1) 背景的整理、(2) 現狀的分析等步驟，一心一意地進行分析。

◎本例中所使用的改善手法
・品質機能展開
・迴歸分析
・箭線圖
・實驗計畫法
・問卷調查
・PDPC 法

Note

8-4 實踐案例 4：汽車零件的生產技術開發

本節介紹汽車零件之一的離合器，在其生產過程中開發新生產技術的案例。在此例中，有系統地列舉對品質有影響的要因，適切地解析實驗數據，開發生產技術。

8-4-1 背景的整理

離合器是依照駕駛人的意圖將引擎的迴轉力傳達給輪胎的一種零件。如圖 8-7(a)，包含有以螺帽（nut）固定的彈簧。這首先是在軸上製作出螺絲溝紋後，先通過彈簧，其次通過襯墊（利用墊圈、螺帽鎖緊螺釘時，可夾住有洞口的金屬零件），再固定螺帽及彈簧。彈簧溝紋的製作、襯墊環、上鎖小螺絲等甚花時間。螺帽與襯墊本身的單價雖然低廉，但是如考量這些零件的供應時，此零件的成本是不能忽略的。因此為了生產力、成本的削減，如圖 8-7 所示，檢討切削軸固定彈簧的方式。當生產技術確立時，彈簧溝紋的製作、襯墊環、固定螺帽即為「切削」的一個作業，相對螺帽、襯墊的供應就變得不需要，如計算與此有關聯的成本時，年間可降低數千萬元的成本。

由以上來看，要開發切削軸固定螺絲的生產技術。開發的前提只是將上鎖小螺絲的機能，利用軸的切削來替代，其他並不改變，故設定為期兩個月的專案。

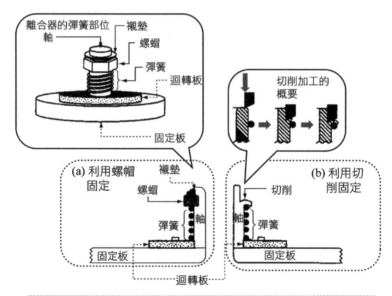

在軸上製作出溝紋以螺帽固定彈簧，變更成切削軸後再保持彈簧。

圖 8-7 離合器用彈簧保持的概要與生產方法

8-4-2 現狀的分析

螺帽、襯墊的機能，是保持彈簧使其負荷達到規定的水準，因此為確保此機能切削軸是需要的。另外，已切削的軸為了能半永久性地保持彈簧，確保強度也很重要。

為了充分地考量軸經切削後，彈簧的負荷是否達一定的水準，以及切削後壓住彈簧的部分其彈度是否足夠，故製作出 20 個試製品。結果彈簧負荷並無問題，但它的保持強度則有問題。因此，為提高保持彈簧部位的強度而開發生產技術即成為目標。

8-4-3 要因的探索

彈簧保持部位強度的要因，就切削軸時的加工條件可想出許多種。針對這些，由技術上的見解列舉要因作成特性要因圖（參照第 4 章 4-2-1），將切削時「刀的形狀」、「角度」、「軸的材質」等當作要因列舉出來。

8-4-4 對策的研擬

在先前所做的特性要因圖中，就生產條件所決定的要因像切削時刀的形狀等，利用實驗計畫法（參照第 5 章 5-3-1）中的直交表進行部分實驗，調查哪一個要因的影響較大。結果得知「切削刀的形狀」、「刀對軸的角度」、「切削幅度」的影響較大。

使用這些被認為影響大的要因，再次進行如圖 8-8 所示的實驗。此實驗的目的是為了盡可能使彈簧的保持強度提高，而決定出「切削刀的形狀」、「刀對軸的角度」、「切削幅度」。解析實驗數據，求出被認為最適的「切削刀的形狀」、「刀對軸的角度」、「切削幅度」。

8-4-5 效果的驗證

就先前所求出的切削條件，來檢討速度及設備的耐久性有無問題。結果發現生產速度的提高是有需要的，因之使用切削時的輔助冶具，確保了生產速度，並且設備的耐久性等也無問題。

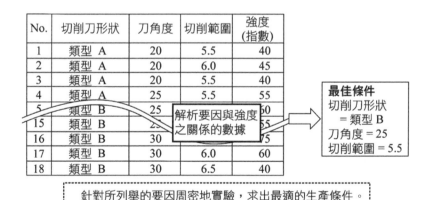

No.	切削刀形狀	刀角度	切削範圍	強度 (指數)
1	類型 A	20	5.5	40
2	類型 A	20	6.0	45
3	類型 A	20	5.5	40
4	類型 A	25	5.5	55
5	類型 B	25		
15	類型 B			
16	類型 B	30		
17	類型 B	30	6.0	60
18	類型 B	30	6.5	40

解析要因與強度之關係的數據

最佳條件
切削刀形狀 = 類型 B
刀角度 = 25
切削範圍 = 5.5

針對所列舉的要因周密地實驗，求出最適的生產條件。

圖 8-8 提高彈簧保持部位的強度之實驗

8-4-6　引進與管制

為了將新的切削方法引進到實際的製程中，因此製作了作業標準。在此製作上，為了確實實踐先前新的切削方法，包含現場的作業員在內進行了討論。接著為遵從此作業標準進行作業，經教育之後，再應用到實際製程中。

利用此生產方法，螺帽、襯墊等作業與供應變得不需要，如包含人力成本來考慮時，一年間可獲得降低 2,000 萬元成本的效果。之後生產技術部門將此例水平展開，檢討引進到同種的產品中。

8-4-7　本例的重點

第一個重點是有效地應用實驗計畫法，利用實驗有效率地求出最佳的生產條件。

第二個重點是有系統地列舉影響彈簧的保持強度之要因。利用實驗探索最佳的條件時，胡亂地列舉條件，結果也不甚順利。此專案是從技術上的見解遍處列舉要因，將它整理成特性要因圖，從中選出實驗條件。

第三個重點是一面確認產品品質是否適切確保，一面進行成本降低。為了降低成本如使用低廉的材料、手段時，損害品質的情形時有發生。因為使用低廉的材料使結果變壞，因之並非改善。

◎本例中所使用的改善手法
・特性要因圖
・實驗計畫法

Note

8-5 實踐案例 5：降低事務處理的工時

本例是某研討會提供公司每四半期舉辦的例常性研討會，以降低事務處理工時為目的，將顧客預約研討會的流程、請託講師上課之流程，利用電腦化系統進行自動化。在此例中，既有的作法也當做是一種備選，並且也考量以 IT 機器為核心的新系統方案。

8-5-1 背景的整理

將研討會提供公司的標準式流程表示在圖 8-9 中。研討會的日程等一旦決定時，活用顧客資料庫將此寄送給顧客（透過 Fax、email、網路、DM 等）。

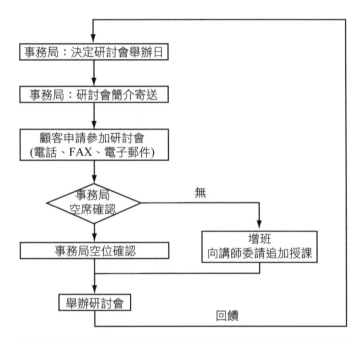

圖 8-9 研討會舉辦流程

此研討會是有關改善的基礎課程，由幾個科目所構成，而這些科目的講師，是從備選的數名之中選定。從圖 8-9 的流程也可了解，它的主要機能是資訊的交換、簡介寄送等占相當大部分，似乎可考慮自動化，且透過自動化可使顧客的洽詢被快速地應對。

在改善方面，當作四個月的短期專案，基本上僅止於部門內的流程改善。像新引進

資訊處理系統等投資，如其效果可充分預期時即可實施。大致上處理時間如可以降低
30% 左右，就建議引進資訊機器。

8-5-2　現狀的分析

　　為了掌握現狀，調查了對顧客寄送簡介、研討會申請、講師安排的處理工時等概略
情形。結果在這之中多少包含「等候」、「浪費」，它的量並不太多。以既有系統為
基礎來考量時，雖然可以削減浪費的等候時間，但其效果是否足夠不得而知。因此並
非浪費的排除，而是考慮正確地縮短實際處理時間，在縮短處理時間上，考慮建構新
的系統。此次的改善專案，不只是以既有系統為基礎讓事務效率提高，也注視新系統
的建構進展。

8-5-3　要因的探索

　　就顧客應對、講師安排的實際處理時間等詳細觀察時，資訊的交換、顧客的等候反
應、資訊檢索等是主要的工時。因此，不需要這些的往來或予以縮短的系統提案即變
得需要。列舉出使用既有系統的改善方法，或針對新系統的系統方案，將此結果表示
在表 8-3 中。

　　在此表中，上半部是以既有系統為基礎的程度較高，愈向下半部則新系統建構的
程度愈高。譬如在網路預約系統中，以往受理部門的輸入，變成顧客直接輸入預約資
訊，再將它連結到申請系統，因此減少實際處理工時是可以期待的。另一方面由於新
系統的建構程度較高，因之也帶來種種困難。

表 8-3　工時降低方案

系統方案	內容
事務作業活化	有效率地進行既有系統的作法，以降低成本為目標。
Fax 一體化	既有的受理窗口複雜，與 Fax 一體化謀求效率化。
資料庫連動電子信件簡介寄送	與既有顧客的資料庫連動，從研討會企劃時，自動寄送簡介。
講師自動請託系統	研討會舉辦時，選出事前有所登記的講師後自動請託。
網路直接申請，講師請託連動系統	研討會企劃後，自動地存取在顧客的資料庫中，以電子郵件寄出。顧客申請的同時，自動地進行向講師提出講課的請託。

從事務作業活化此種既有系統作為前提，到以網路自動申請等全新的系統均包含在內。

8-5-4　對策的研擬

　　將表 8-3 所示的系統方案利用 AHP（參照第 5 章 5-2-2）進行評價，其概要表示在
圖 8-10 中。如圖以評價項目來說，將「實現可能性」、「引進期間」、「成本削減
效果」、「變更的手續」、「系統的副作用」引進到評價構造中，結果網路直接申
請、講師請託連動系統的建構被評價是最理想的，因此針對這些詳細檢討。

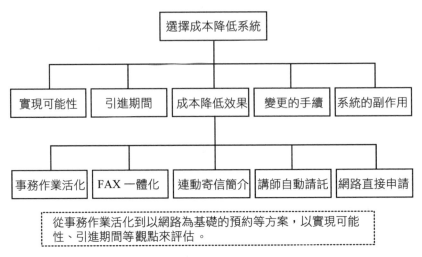

圖 8-10　系統選擇問題的 AHP

8-5-5　效果的驗證

就已引進資訊機器的系統來說，檢討它的規格並試驗性地測量其效果。此處設想數年均有研討會參加之委託，如測量處理工時可減少多少，就處理工時來說似乎可期待削減約 40% 以上。此次的資訊機器引進雖花下不少投資，然而因考慮到對顧客的應對會變得周密，故決定了系統的引進。

8-5-6　引進與管制

當對本系統不適時，會出現何種影響呢？利用 FMEA（參照第 6 章 6-2-1，此處省略）進行解析或如圖 8-11 所示，利用 PDPC 法（參照第 7 章 7-3-1）進行引進管理。具體來說，將整個系統分解成顧客預約系統與講師請託系統，兩方都在期限內運作時是最樂觀的情形。兩個系統之中，只有一方在期限內完成時，只將完成的部分暫時性地公開，之後再與另一方的系統相統合。另外如兩方均未在期限內完成時，背後設想有本質上的問題，再從設計階段重新檢討。

根據事前的設想進行活動之後，雖然顧客預約系統在期限內完成了，但講師請託系統卻未在期限內完成。因此一如 PDPC 法的結果，只公開顧客預約系統，之後再統合講師請託系統，運作終於可行。經由以上的系統引進，最後達成削減約 45% 的處理工時。

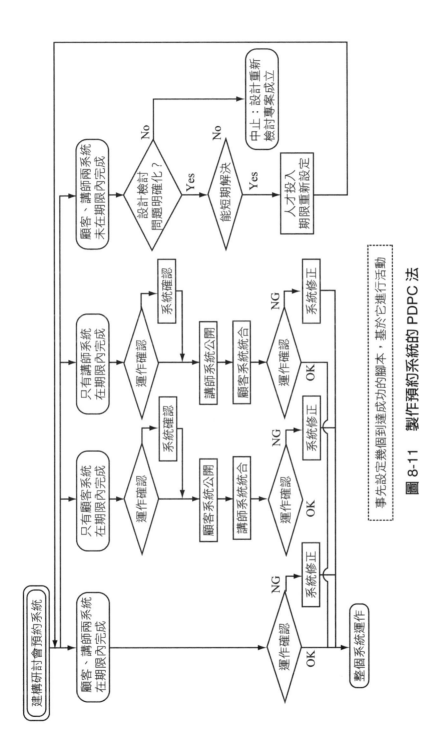

事先設定幾個到達成功的腳本，基於它進行活動

圖 8-11　製作預約系統的 PDPC 法

8-5-7 本例的重點

本例的第一個重點，從以既有系統為基礎的改善到新系統的建構為止，從資訊處理的觀點如表 8-3 合理地列舉數個備選。談到新系統的建構由於聽起來有魅力，因之有想立即飛奔投入的意向。可是當效果可以充分獲得時，使用既有系統其成功機率與對策的引進等是較為合理的。本例依據這些，列舉出以既有系統為基礎與建構新系統等改善案。

第二個重點是利用 AHP 以階層構造方式評估系統方案，防止直覺式的選定。對於評價雖然主觀總會介入，但上記的手續儘可能排除主觀。

第三個重點是利用 PDPC 法事前預測問題，系統的建構變得容易。譬如講師請託系統的完成延誤時，因準備有次佳的對策，雖然可順利地替換成該對策，但這些未能如預期時，此時雖然心慌但仍要去思考方案才行。

◎本例中所使用的改善手法
· AHP
· PDPC 法
· FMEA

第9章
改善的QC手法

本章内容

9-1 問題解決步驟

第一次南極探險隊隊長，也是戴明獎本獎受獎人西堀榮三郎博士，其在「品質管理心得」（日本規格協會）中，說了以下這番話：

「人的個性是無法改變的，但是能力卻可改變。能力就像氣球一樣，體積總是能變化。認為「那傢伙是鄉下人所以不行」或斷定「那人未從學校畢業所以差勁」像此種的認定是非常不對的。由於可以改變，所以無法武斷地下斷言。」

我們談到能力或創造性時，很容易認為這僅是特殊的人所擁有的天賦能力，事實不然。「能力」是一件一件行動的累積，經由「經驗」與「學習」的重複而得以形成。

以往我們所尊重的是博識多聞的人，但現代社會所需要的理想人已變成是具有「發現問題能力」與「解決問題能力的人」。能根據新的資訊迅速展開行動、掌握真正原因的人才是最理想的。

所謂「問題解決的步驟」，即為「為了有效率、合理、有效果地解決問題所應依循的步驟。若能按此步驟去著手問題時，不管是那一種困難的問題，不管由誰或由哪一小組，均能合理且合乎科學的解決，此稱為問題解決的法則」。問題解決的步驟也可稱為「改善的步驟」。分成以下 7 步驟來說明。

步驟 1　問題點的掌握與主題的決定

掌握問題點，亦即著眼以下幾點：

1. 與過去的實績比較，看看傾向的改變方式是否有問題。
2. 與應有的形態與理想相比較，找出弱點及應改善、提高的地方。
3. 調查是否達成上位方針的目標。
4. 檢查規格或規範，調查是否有不良。
5. 檢討是否或影響後工程，是否充分履行任務。
6. 與相同立場的布署，其他分店、其公司的狀況相比較，找出過程或結果的優、缺點。
7. 檢討在進行工作方面有何困難的地方。
8. 以重點導向的想法，從許多問題點中決定主題。
   (1) 針對於問題點決定重要度的順序。
   (2) 預測所能期待的效果後決定之。

步驟 2　組織化與活動計畫的作成

1. 決定解決問題小組與負責人。
2. 決定解決問題活動的期間。
3. 分擔協力體制、任務。
4. 製作問題解決的活動計畫書。

步驟 3 現狀分析

明確特性值，就此蒐集過去的數據，掌握現狀。

1. 特性值的實績如何。
2. 不良的造成是最近的傾向，或是數個月或數年的影響呢？
3. 平均值有問題嗎？變異是否過大？

步驟 4 目標的設定

1. 設定想達成的目標。
2. 明確衡量問題解決效果的尺度（特性值）。
3. 重估活動計畫是否需要加以修正，並決定活動的詳細內容、分配任務。

步驟 5 要因解析

1. 藉著技術上、經驗上的知識考察特性與要因之關係，整理成特性要因圖。
2. 使用查檢表蒐集有關事實的資料、數據。
3. 使用 QC 手法解析特性與要因之關聯。

使用過去的數據、已加層別的日常數據、利用實驗所得之數據等，透過統計圖、直方圖、管制圖、散佈圖、估計與檢定、變異數分析、迴歸分析等手法加以解析。將解析結果加以分析整理。

步驟 6 改善案的檢討與實施

1. 蒐集創意、構想，對有問題的要因檢討對策案。
2. 決定改善案。
    (1) 評價對目標有無效果。
    (2) 能否比以往更快、更方便、更正確的評價。
3. 製作臨時標準、作業標準、或加以改訂。
4. 就新的作法實施教育訓練。
5. 基於臨時標準實施改善案。

步驟 7 確認改善效果

1. 使用 QC 手法查核改善效果。
    (1) 比較目標與實績並加以評價。
    (2) 比較改善前與改善後並加以評價。
    (3) 掌握改善所需要的費用。
    (4) 調查前後工程的影響。
    (5) 查核對其他的管理特性是否會產生負面影響。
2. 確認效果，掌握有形的效果、無形的效果。
3. 效果不充分時回到步驟 5 或步驟 6，再重複解析與對策。

步驟 8　標準化與管理的落實

1. 效果經確認後即加以標準化。
   (1) 將臨時標準當成正式標準。
   (2) 將工作的方法納入作業標準中。
   (3) 修訂規格、圖面等技術標準。
   (4) 修訂管理作法的管理標準。
   (5) 將正確的作法予以教育訓練。
2. 維持標準，查核是否照標準進行工作，是否維持在管制狀態。
3. 就問題解決的進行方法加以反省，將優點、缺點加以整理。
4. 改善的結果整理成報告書，謀求技術的儲存。

表 9-1　問題解決所使用的 QC 七工具

QC 手法（QC 七工具）／主要用途	問題解決步驟	掌握問題點	解析要因	改善結果	管理的防止與落實
特性要因圖	將要因鉅細靡遺地找出並予以整理	◎	○		
柏拉圖	從許多問題點掌握真正問題	◎	○	○	
統計圖	使之能用眼睛觀察數據	○	○	○	○
查檢表	簡單的蒐集數據，防止點檢遺漏	○	○	○	○
管制圖	調查工程是否處於穩定狀態	○	◎	◎	◎
直方圖	掌握分配的形狀，與規格比較	○	◎	◎	
散佈圖	用成對的兩組數據掌握彼此的關係		◎		

　　品管七大手法是常用的統計管制方法，又稱為初級統計管制方法。主要包括管制圖、特性要因圖（因果圖）、直方圖、柏拉圖、查檢表、散佈圖、管制圖等所謂的 QC 七工具。

　　其實，品質管理的方法可分為兩大類：一是建立在全面品質管理思想上的組織性的品質管理；二是以統計方法為基礎的品質管理。

　　組織性的品質管理方法是指從組織結構、業務流程和人員工作方式的角度進行品質管理的方法，它建立在全面品質管理的思想之上，主要內容有制定品質方針、建立品質保證體系、展開 QC 小組活動、各部門品質責任的分擔、進行品質診斷等。

　　進行資料分析之前需要先將數據分層。分層法（又稱爲層別法）是將性質相同、在同一條件下蒐集的數據歸納在一起，以便進行比較分析。因爲在實際生產中，影響品質變動的因素很多，如果不把這些因素區別開來，則難以得出變化的規律。數據分層可根據實際情況按多種方式進行。例如按不同時間、不同班次進行分層，按使用設備的種類、按原材料的進料時間、按原材料成分等進行分層，或是按檢查手段、按使用條件、按不同缺陷項目進行分層等。數據分層法經常與上述的統計分析表結合使用。

　　數據分層法的應用主要是一種系統概念，即在於要處理相當複雜的資料，就得懂得如何把這些資料有系統、有目的地加以分門別類的歸納及統計。

　　科學管理強調以管制的方法來彌補以往靠經驗、靠視覺判斷之管制的不足，而此管制方法除建立正確的理念外，更需要有數據的運用，才有辦法進行工作解析及採取正確的措施。

　　以下簡略說明各手法的性質，詳細情形請參考五南出版的《EXCEL品質管理》。

本章所提供的只是概略常用的改善QC手法，詳細情形請參考《EXCEL品質管理》。

9-2 QC 七手法

1. 查檢表（Checklist）

為了有效地把握發明創造的目標和方向、促進想像的形成，哈佛大學教授狄奧還提出了查檢表法，也有人將它譯成「查核表法」、「對照表法」，也有人稱它為「分項檢查法」。

查檢表法是在實際解決問題的過程中，根據需要創造的對象或需要解決的問題，先列出有關的問題，然後逐項加以討論、研究，從中獲得解決問題的方法和創造發明的靈感。這種方法可以有意識地為我們的思考提供步驟。

在第一次世界大戰期間，英國軍隊已成功地使用這種方法，且明顯地改善許多兵工廠的工作。他們首先提出要思考的題目或問題，然後就題目或問題的各個階段再提出一系列問題，譬如它為什麼是必要的（Why）、應該在哪裡完成（Where）、應該在何時完成（When）、應該由誰完成（Who）、究竟該做些什麼（What）、應該怎樣去做它（How）。

查檢表法實際上是一種多路思維的方法，人們根據檢查項目，可以逐條地思考問題。不僅有利於系統和周密地思考問題，使思維更具條理性，也利於較深入地發掘問題，和有針對性地提出更多可行點子。

這種方法後來被人們逐漸充實發展，並引入為避免思考和評論問題時發生遺漏的「5W2H」檢查法，最後逐漸形成今天的「查檢表法」。

有人認為，查檢表法幾乎適用於各種類型和場合的創造活動，因而可把它稱作「創造方法之母」。目前創造學家們已想出許多種各具特色的查檢表法，但其中最受人歡迎、既容易學會又能廣泛應用的，首推奧斯本的查核方法（最早由美國作家兼廣告學專家 Alexander Osborn 提出，也稱奧斯本法）。

查檢表法給予人們一種啟示，考慮問題要從多種角度出發，不要受某一固定角度的局限，要從問題的多方面去考慮，不要把視線固定在個別問題上或方面上。這種思考問題的方法，對於企業、事業單位和國家機關的管理者來說，也都富有啟發意義。

查檢表法在我們的企業中仍有它的價值存在。企業在提高產品質量、降低生產成本、改善經營管理方面都存在著很大的潛力，如果企業領導能根據本企業存在的情況、特點和問題，制定出相應的檢查單，讓廣大員工都能動腦筋、提設想、獻計策，通過群策群力必定可取得顯著成效。

查檢表法也可做為利用統計表對數據進行整理和初步原因分析的一種工具，其格式可多種多樣，這種方法雖然簡單但實用有效，主要作為記錄或者點檢所用。

查檢表的範例有很多，此處列舉工程分配調查用之查檢表為範例。

表 9-2 工程分配調查用查檢表

工程分配調查查檢表
品名：AH 部品內徑尺寸　　課　名：生產3課
規格：±0.05　　測定者：張三　　日期：6 月 10 日（全）

No.	尺寸	次數的檢核																計
		5	10	15	20	25	30	35	40	45	50	55	60	65	70	75	80	
1	-0.07																	
2	-0.06																	
3	-0.05																	
4	-0.04	///																4
5	-0.03	###	//															7
6	-0.02	###	###	###														15
7	-0.01	###	###	###	###	###	###	###	//									37
8	±0	###	###	###	###	###	###	###	###	###								45
9	+0.01	###	###	###	###	###	###	###	###	###	////							49
10	+0.02	###	###	###	###	###	###	/										31
11	+0.03	###	###	/														11
12	+0.04	/																1
13	+0.05																	
14	+0.06																	
15	+0.07																	
記事		總生產數 14,379 個															合計	200

2. 圖表（Graph）

　　圖表代表了一張圖像化的數據，並經常以所用的圖像命名，例如圓餅圖是主要使用圓形符號，長條圖或直方圖則主要使用長方形符號，折線圖意味著使用線條符號。

　　圖表一字的用法，前面不一定永遠都會帶有統計一稱，下列的圖表帶有統計的意涵，但名稱並沒有統計一詞：

　　(1)數據圖可以是一組圖解（diagram）或數理上的圖形（graph），同時帶有量化的數據或質性的資訊。

　　(2)海圖或航圖，帶有額外指引等數據的地圖，也是圖表之一。

　　(3)英語裡的樂譜符號圖（chord chart）或排行榜（record chart），在英語世界也常被認為是圖表的一種，但中文使用並沒有將其視為圖表的習慣。

　　總之圖表或稱統計圖表，通常用來方便理解大量數據，以及數據之間的關係。讓人們透過視覺化的符號，更快速的讀取原始數據。現今圖表已被廣泛用於各種領域，過去是在座標紙或方格紙上手繪，現代則多用電腦軟體產生。特定類型的圖表有特別適合的數據。例如想呈現不同群體的百分比？圓餅圖或水平狀的條形圖都很適合。但如果想要呈現有時間概念的數據？折線圖或直方圖會比圓餅圖來得合適。

　　世界上有各種形式且多元呈現的圖表，有些非常龐大，有些非常複雜，但基本上圖表都有下列的一致特點，用來使數據更有意義，使解讀能力更為提昇。

　　圖表的第一特點就是文字成分很低。通常不會像文章寫作一樣，以文字描述文本鋪陳作為全體。圖表中的文字往往只用來詮釋或標注數據、出處等，或是更重要的標題。

　　(1)標題：圖表的標題通常是簡潔的描述，使人一目了然的知道是何種數據。標題通常會顯示在主圖形的上方。

　　(2)座標標籤：較小的文字則用來標示水平軸（X軸）或垂直軸（Y軸）上的數據或分類，這些文字經常被稱為座標標籤，且經常帶有單位，例如「行駛距離（公里）」。

　　(3)數據標籤：圖表中顯示的數據，不論以點狀、線狀呈現在雙軸座標系統（grid）裡，也會有文字標示，稱為數據標籤（label）。方便觀看者解讀和比對它在兩座標之間的位置和關係。

　　(4)圖例：如果圖表中包括兩組以上的數據，則往往還需要圖例（legend 或簡稱為 key）解釋兩組的稱呼，且會用不同顏色來區分。

統計圖的範例此處列舉直條圖作為參考：

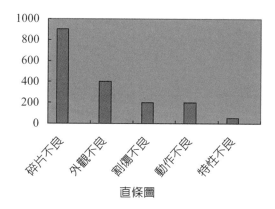

直條圖

3. 柏拉圖（Pareto Chart）

柏拉圖又稱為重點分析圖、ABC 分析圖，由發明者 19 世紀義大利經濟學家柏拉圖（Pareto）的名字得名。柏拉圖最早用排列圖分析社會財富分布的狀況，他發現當時義大利 80% 財富集中在 20% 的人手裡，後來人們發現很多場合都服從這一規律，於是稱之為柏拉圖定律。後來美國品質管理專家朱蘭博士運用柏拉圖的統計圖加以延伸，將其用於品質管理。

柏拉圖是分析和尋找影響品質主原因素的一種工具，其形式用雙直角座標圖，左邊縱座標表示次數（如件數、金額等），右邊縱座標表示頻率（如百分比表示）。圖上的分折線表示累積次數，橫座標表示影響品質的各項因素，按影響程度的大小（即出現次數多少）從左向右排列。透過對排列圖的觀察分析可抓住影響品質的主要原因。這種方法實際上不僅在品質管理中，在其他許多管制工作如庫存管制，都是十分有用。

在品質管理過程中要解決的問題很多，但往往不知從哪著手，但事實上大部分的問題，只要能找出幾個影響較大的原因，並加以處置及控制，就可解決問題的 80% 以上。柏拉圖是根據歸類的數據，以不良原因、不良狀況發生的現象，有系統地加以項目別（層別）分類，計算出各項目別所產生的數據（如不良率、損失金額）及所占的比例，再依照大小順序排列，再加上累積值的圖形。在工廠或辦公室裡把低效率、缺損品的不良等損失，按其原因別或現象別，也可替換成損失金額 80% 以上的項目加以追究處理，這就是所謂的柏拉圖分析。

柏拉圖使用以層別法的項目別（現象別）為前提，經由順位調整後的統計表才能製成柏拉圖。

柏拉圖分析的主要步驟為：

(1)將要處置的事物，以狀況（現象）或原因加以層別。

(2)縱軸雖可以表示件數，但最好以金額表示比較強烈。

(3)決定蒐集資料的期間，如自何時至何時，以此作為柏拉圖資料的依據，期限間儘可能定期。

(4)各項目依照大小順位由左至右排列在橫軸上。

(5)繪上柱狀圖。

(6)連接累積曲線。

柏拉圖的範例如下：

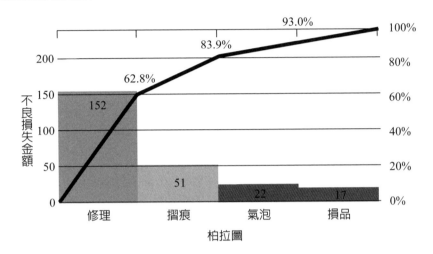

柏拉圖

4. 直方圖（Histogram）

在品質管理中，如何預測並監控產品品質狀況？如何對品質波動進行分析？直方圖就是一目了然地把這些問題圖表化處理的工具。它透過對蒐集到貌似無序的數據進行處理，來反映產品品質的分布情況，判斷和預測產品品質及不合格率。

直方圖又稱品質分布圖，它是表示資料變化情況的一種主要工具。用直方圖可以解析出資料的規則性，比較直觀地看出產品品質特性的分布狀態，對於資料分布狀況一目了然，便於判斷其總體品質分布情況。在製作直方圖時，牽涉統計學的概念，首先要對資料進行分組，因此如何合理分組是其中的關鍵問題。其根據從生產過程中蒐集來的品質數據分布情況，畫成以組距為底邊、以次數為高度的一系列連接起來的直方型矩形圖。

製作直方圖的目的就是通過觀察圖的形狀，判斷生產過程是否穩定，預測生產過程的品質。具體來說製作直方圖的目的有：

(1)判斷一批已加工完畢的產品。

(2)驗證工序的穩定性。

(3)為計算工序能力蒐集有關數據。

直方圖將數據根據差異進行分類，特點是明察秋毫地掌握差異。

1. 直方圖的作用：

(1) 顯示品質波動的狀態。

(2) 較直觀地傳遞有關製程品質狀況的訊息。

(3) 通過研究品質波動狀況之後，就能掌握製程的狀況，從而確定在什麼地方集中力量進行品質改進工作。

2. 直方圖法在應用中常見的錯誤和注意事項：
(1) 抽取的樣本數量過小，將會產生較大誤差，可信度低，也就失去了統計的意義。因此樣本數不應少於 50 個。
(2) 組數 k 選用不當，k 偏大或偏小，都會造成對分布狀態的判斷有誤。
(3) 直方圖一般適用於計量值數據，但在某些情況下也適用於計數值數據，這要看繪制直方圖的目的而定。
(4) 圖形不完整、標註不齊全，直方圖上應標註公差範圍線、平均值的位置不能與公差中心 M 相混淆。

直方圖的範例表示如下。

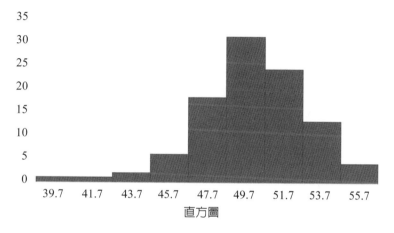

直方圖

5. 特性要因圖（Cause and Effect Diagram）

特性要因圖是以結果作為特性，以原因作為因素，在它們之間用箭頭聯繫表示因果關係。它是一種充分發動員工動腦筋、查原因、集思廣益的好辦法，也特別適合於工作小組中實行品質管制的民主方式。當出現某種品質問題，未搞清楚原因前，可針對問題發動大家尋找可能的原因，使每個人能暢所欲言，把所有可能的原因都列出來。

所謂特性要因圖，就是將造成某項結果的眾多原因，以系統的方式圖解，即以圖形來表達結果（特性）與原因（因素）之間的關係。其形狀像魚骨，因此又稱魚骨圖。

某項結果之形成必定有原因，應設法利用圖解法找出其原因。首先提出這個概念的是日本品管權威石川馨博士，所以特性要因圖又稱石川圖。特性要因圖可使用在一般管制及工作改善的各種階段，特別是樹立意識的初期，易於使問題的原因明朗化，從而規劃步驟以解決問題。

特性要因圖的使用步驟為：
(1)召集與此問題相關的、有經驗的人員，人數最好 4～10 人。
(2)掛一張大白紙，準備 2～3 支色筆。
(3)由集合的人員就影響問題的原因發言，將發言內容記錄到圖上，中途不可批評或質問（腦力激盪法）。

(4)時間大約 1 小時，蒐集 20～30 個原因即可結束。

(5)就所蒐集的原因，找出何者影響最大，再由大家輪流發言，經大家磋商後，認為影響較大者給予圈上紅色圈。

(6)與步驟 (5) 一樣，針對已圈上一個紅圈的，若認為最重要的可以再圈上兩圈、三圈。

(7)重新畫一張原因圖，未上圈的予於去除，圈數愈多的列為最優先處理。

特性要因圖提供的是抓取重要原因的工具，所以參加的人員應包含對此項工作具有經驗者，才易奏效。

特性要因圖的範例表示如下：

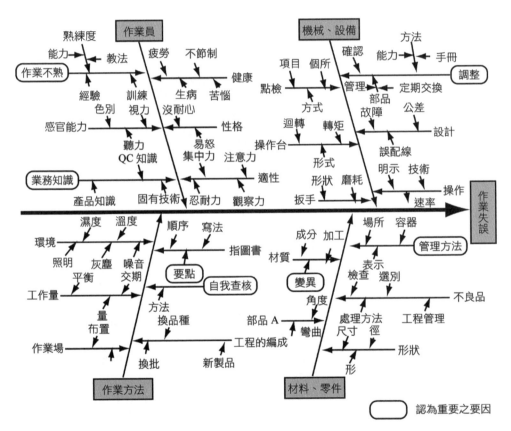

特性要因圖

製作單位：台中工廠製造一課　　　製作小組：微笑圈
參加人員：9 名　　　　　　　　　製作日期：1996 年 12 月 21 日

6. 散佈圖（Scatter Diagram）

　　散佈圖又叫相關圖，它是將兩個可能相關的變量數據用點畫在座標圖上，用來表示一組成對的數據間是否有相關性。這種成對的數據或許是特性 - 原因、特性 - 特性、原因 - 原因的關係。通過對其觀察分析來判斷兩個變量間的相關關係。這種問題在實際生產中也是常見的，例如熱處理時淬火溫度與工件硬度之間的關係，某種元素在材料中的含量與材料強度的關係等。這種關係雖然存在，但又難以用精確的公式或函數關係表示，在這種情況下用相關圖來分析就很方便。假定有一對變量 x 和 y，x 表示某一種影響因素，y 表示某一品質特性值，透過實驗或蒐集到的 x、y 的數據，可以在座標圖上用點表示出來，根據點的分布特點，就可判斷 x 和 y 的相關情況。

　　在我們的生活及工作中，許多現象和原因有些呈現有規則的關聯，有些呈不規則的關聯。若想了解它，就可借助散佈圖來判斷它們之間的相關關係，甚至進一步利用統計手法算出相關係數。

　　散佈圖的範例表示如下。

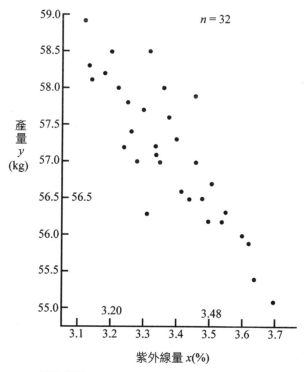

製品名稱：ABS 產品　　　工程名稱：B1 生產線
製作者：張三　　　　　　製作日期：8 月 29 日

散佈圖

7. 管制圖（Control Chart）

　　管制圖是美國貝爾電話實驗所的休哈特（W.A.Shewhart）博士在 1924 年首先提出，管制圖使用後，就一直成為科學管制的重要工具，特別在品質管理方面成了不可或缺的管制工具。它是一種有控制界限的圖，用來區分引起品質波動的原因是偶然還是系統的，可以提供系統原因存在的訊息，從而判斷生產過程是否處於管控狀態。管制圖按其用途可分為兩類，一類是供分析用的管制圖，用管制圖分析生產過程中有關品質特性值變化的情況，看工序是否處於穩定管控狀態；另一類是供管制用的管制圖，主要用於發現生產過程是否出現了異常情況，以預防產生不合格品。

　　管制圖是進行品質管制的有效工具，但在應用中必須注意以下幾個問題，否則就得不到應有的效果。這些問題主要是：

1. 數據有誤。數據有誤可能是兩種原因造成的，一是人為使用有誤的數據，二是由於未真正掌握統計方法。
2. 數據的蒐集方法不正確。如果抽樣方法本身有誤，則其後的分析方法再正確也是無用的。
3. 數據的紀錄，抄寫有誤。
4. 異常值的處理。通常在生產過程取得的數據中總含有一些異常值的，它們會導致分析結果有誤。

管制圖此處以 Xbar-R 管制圖為例，表示如下。

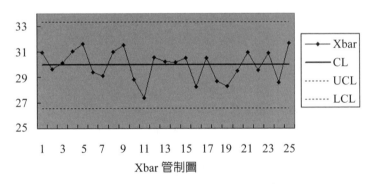

Xbar 管制圖

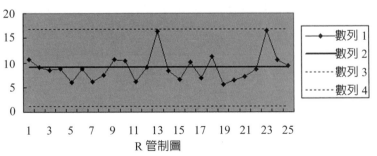

R 管制圖

QC 七手法	新 QC 七手法
魚骨圖——魚骨追原因（尋找因果關係） 柏拉圖——柏拉抓重點（找出重要的少數） 層別法——層別作解析（按層分類，分別統計分析） 查檢表——查檢集數據（調查記錄資料用以分析） 散佈圖——散佈看相關（找出兩者的關係） 直方圖——直方顯分布（了解資料分布與制程能力） 管制圖——管制找異常（了解制程變異）	親和圖——從雜亂的語言數據中汲取訊息 關聯圖——理清複雜因素間的關係 系統圖——系統地尋求實現目標的手段 矩陣圖——多角度考察存在的問題、變量關係 PDPC 法——預測設計中可能出現的障礙和結果 箭線圖——合理制定進度計畫 矩陣資料分析圖——多變量轉化少變量數據分析

9-3 新 QC 七手法

品質管理的基本乃藉著以事實爲根據的數據來管理，可是事實不一定能用數值資料來表現。

譬如考慮洗衣機的新產品設計時，必須活用消費者對以往產品所抱持的不滿，像「開關的位置不好使用」等，此種消費者的不滿牽涉到機械的使用方法、設計、色彩等。一般這些並不一定能用數值資料來表現，僅能以語言來表現的居多。可是以這些語言加以表現者，在表現「事實」的資料上也毫無差異。基於此意，表示這些事實的語言資訊即稱爲「語言資料」。

如果是事實的話，這些語言資料也要應用在品管上。新 QC 七工具（以下簡稱 N7）是將這些語言資訊整理成圖形的一種方法。

圖 9-3-1 正是說明 N7 與 Q7 是互補的，以及活用在 QC 中解決問題的狀況。

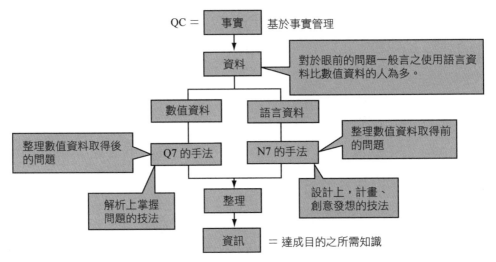

圖 9-3-1　N7 與 Q7 的關係圖

■ 活用 N7 的四個著眼點

以下簡要地說明活用 N7 的 4 個著眼點。

1. 明白問題的所在

在使用 N7 解決問題時，最重要的是要明白自己現在處於解決問題的什麼階段上。

自己目前所面對的問題，它本身是否曖昧不清？此外雖應解決的問題明確，但其原因是否不甚清楚？或者應解決之問題及原因都清楚，卻不知道應以什麼方法來解決？唯有使這些都明確才能決定使用 N7 的手法。

解決問題的三個層次（階段）：

(1) 還不知道應解決之問題是什麼的階段（第一層次）

此層次的問題是很多細微的瑣事都實際發生了，但本質問題爲何卻還不清楚。換句話說，此階段的問題就是要明確應處理的事端是什麼？

(2) 還未能明白主要原因是什麼的階段（第二層次）

此層次的問題是應處理之問題已明確顯現它的形態。然而是什麼原因才導致這個問題的發生，卻不能明確掌握。換言之，這個階段的問題就是要考慮各種要因，是探求原因的一個階段。

(3) 未能明白應採取什麼方法的階段（第三層次）

此層次的問題是引起問題的原因已明確，但還沒有出現具體解決方法。換言之，這個階段的問題是如何展開方法。

2. 可以選擇合於分析目的之手法

解決問題最好能針對前述的 (1)、(2)、(3) 階段來活用適當的方法。關於這點，請參考圖 9-3-2。

明白所應解決的問題是屬於那個階段後，就可以使分析的目標明確，決定 N7 手法及其使用方法。

針對前述之問題階段 (1)、(2)、(3)，要判斷應使用 N7 中的什麼手法才好時，可以參考圖 9-3-3。以下就針對圖 9-3-2 之問題層次，說明有關 N7 手法的使用。

有人將新 QC 七工具稱爲新 QC 七手法，將原先的 QC 七手法稱爲舊的 QC 七手法，個人覺得如此稱呼並不恰當，因爲一般稱作舊，表示不合用才有新的，但它並無不適用之理，因此不需爲了區分，硬將它稱爲舊的手法。

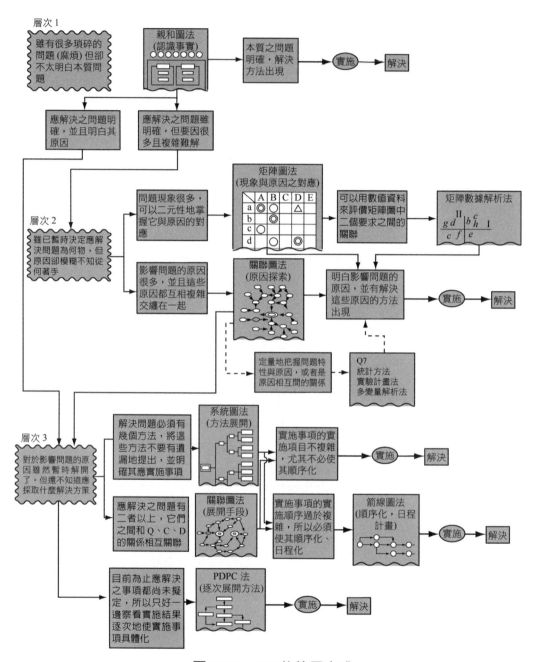

圖 9-3-2　N7 的使用方式

(1)對於第一層次的問題，可以蒐集實際發生之各種事情的語言資料，使用親和圖法將其統合起來，如此可以使應處理的問題明確。
有關親和圖的概念圖表示如下。

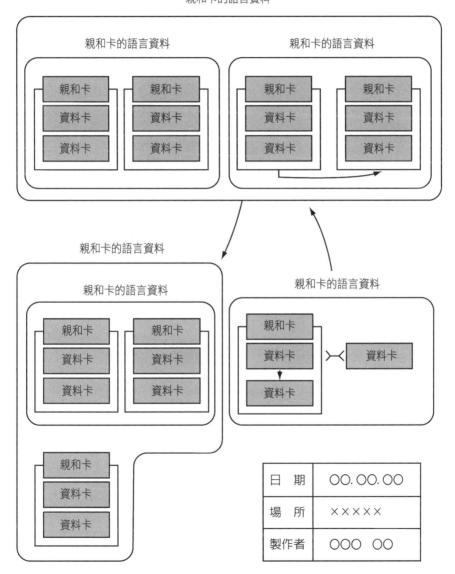

圖 9-3-3　親和圖之製作

(2)對於第二層次的問題，只要用能使原因明確的手法就可以了。特性要因圖對於表現一個結果、多種原因分岐的構造是很有效的。但是當一個結果的許多原因之關係複雜並交纏在一塊時，可以使用關聯圖法來解決。
有關關聯圖的概念圖表示如下。

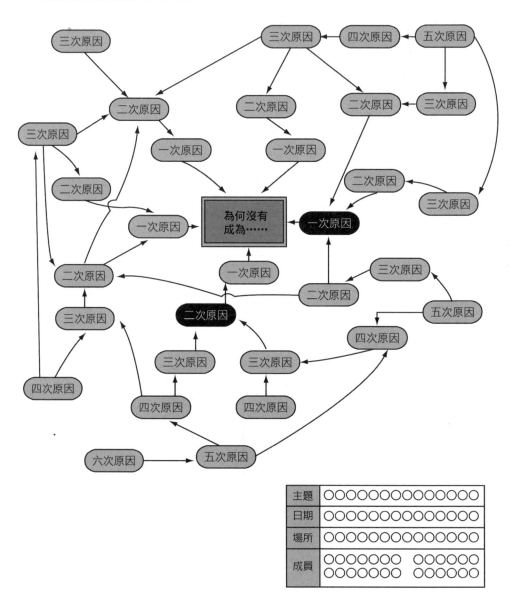

圖 9-3-4　主題「為何沒有成為……」之關聯圖的製作

此外當問題的現象（結果）很多時，若想二元性地掌握其結果與原因的關係，則矩陣圖法可以順利解決。

有關矩陣圖的概念圖表示如下。

等級點數
○・○＝1　　△・△＝4
○・△＝2　　○・×＝5
△・○＝3　　△・×＝6

職份
◎：主管
○：輔佐

	評價			任務分擔					實施事項
	效果	實現性	等級	所品管圈事務局	課、工廠支援者	課、工廠幹事	圈長	圈員	
系統圖的四次手段	○	○	1	○	◎	○			
〃	○	○	1				◎	○	次/每月召開
〃	△	○	3				◎	○	每回召開時數
〃	○	△	2				○	◎	
〃	○	×	5		○	◎			
〃	○	○	1	○	◎	○			
〃	△	△	4			○	◎		
〃	○	△	2				◎	○	
〃	○	○	1				◎	○	
〃	○	○	1				◎	○	
〃	○	×	5		○	◎	○		次/年・人以上
〃	○	△	2			◎	○		
〃	△	△	4			◎	○		
〃	△	○	3				◎	○	次/月
〃	○	○	1		○	◎	○		
〃	○	○	1	○	◎	○			
〃	○	×	5		◎	○	○		
〃	○	△	2		◎	○			
系統圖的四次手段	△	○	3				○	◎	

圖 9-3-5　任務分擔之矩陣圖（L型）之製作

(3)對於第三層次的問題，必須能夠有一個可分析問題、謀求方法的手法。為了實現某個目的，找出其實現的方法，可以使用系統圖，一邊針對著眼點，一邊考慮解決手段（構想）。

有關系統圖的概念圖表示如下；

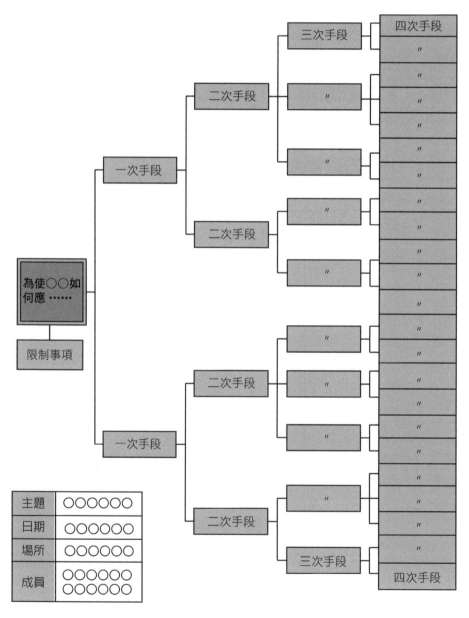

圖 9-3-6　主題「為使○○如何如何應……」之系統圖的製作

　考慮同時達成兩個以上目的之手段時，如根據每個目的去考慮其手段，有時會發生矛盾與背道而馳的情況。此時，可以使用關聯圖法來展開手段以順利進行。

　根據以上的方法決定了解決問題的手段、方法，換句話說決定實施事項之後，還須使其順序化，在排序或訂定日程計畫時，則可以使用甘特圖法或箭線圖法。

　甘特圖與箭線圖的概念圖表示如下。

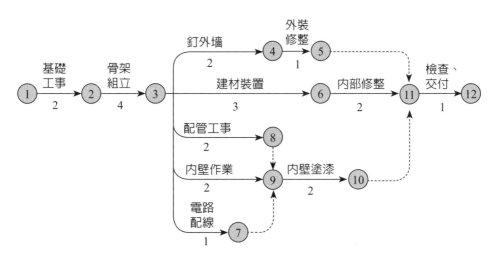

圖 9-3-7　　建築房屋的甘特圖 (1)

圖 9-3-7　　建築房屋的箭線圖 (2)

　然而當解決問題之實施事項尚未完全決定時，須一邊檢視目的之實施事項，一邊再根據其結果來考慮其後應實施之事項時，可以使用 PDPC 法來逐次展開方法。

PDPC 的概念圖表示如下。

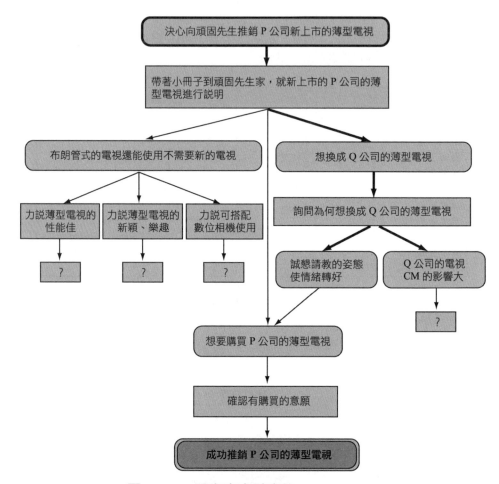

圖 9-3-8　逐次充實計畫的 PDPC

　　依不同的要素及評估指標一系列地以矩陣圖建立決策標準之優先順序,以利於決定重要的方針。當矩陣圖完成時,各關聯性如有足夠資料,則可實施資料分析以確認各方案之作業機能的重要性。

　　利用「主成分分析法」,將矩陣圖各要素間相關資料轉換為代表不同重要程度權重的特徵值,並根據主成分分數,決定各方案優先順序。

　　有關矩陣資料解析法的概念圖表示如下。

表 9-3　矩陣資料解析法

	A	B	C	D	E	F	G	H
1		易控制	易使用	網路性能	軟體兼容	便於維護	總分	權重 %
2	易於控制	0	4	1	3	1	9	26.2
3	易於使用	0.25	0	0.20	0.33	0.25	1.03	3.0
4	網路性能	1	5	0	3	3	12	34.9
5	軟體兼容	0.33	3	0.33	0	0.33	4	11.6
6	便於維護	1	4	0.33	3	0	8.33	24.2
	總分之和	34.37						

關於 Q7、N7 的用法此處僅止於概略說明，詳細情形包括製作步驟、利用 EXCEL 的製作方法等，請參考五南出版的《EXCEL 品質管理一書》。

3. 獲得適當的語言資料

　　圖 9-3-9 是說明語言資料的蒐集方式。

　　圖中除了小組討論法（Group discussion, GD）以外也有其他方法，有興趣的讀者可參考相關文獻。

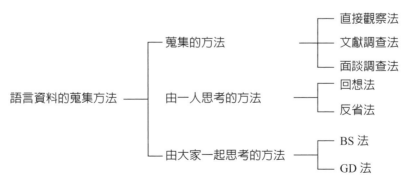

圖 9-3-9　語言資料的蒐集方法

以下就 GD 加以介紹。

(1)所謂 GD 法：

　　GD 法是由小組的所有人員，就有關之主題提供自己所知道的內容，由此一邊蒐集需要的語言資料，一邊討論有關對象問題的一個方法。關於小組成員所不知道的事情，必須作為「調查」資料來蒐集。仿照喬哈利之窗（Joharry's Window須 GD 的目標表示在圖 9-3-10 中。

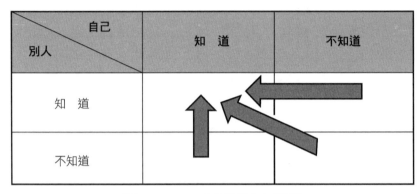

圖 9-3-10　小組討論之目標

(2)以 GD 法蒐集語言資料時應注意的地方：

　(a) 必須對問題有共同的認識。

　(b) 蒐集資料不能偏廢某方。

　(c) 取得之資料須合於分析之目的。

　(d) 靈活運用語言資料。

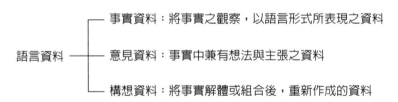

表 9-4　語言資料與解析目的之對應表

語言資料\\分析的目的	事實資料	意見資料	構想資料
形成問題	◎	○	△
探求原因	◎	×	×
展開方法	△	○	◎

(e) 使用語的定義明確。

(f) 資料的表現方式是將所想講的事情，適當地表示成文字形式。

(g) 本來的目的逐漸顯現。

(3)由分析結果取得所需的資訊：

在使用 N7 各手法作圖的過程或作圖階段，一定要有能達成目的所需資訊才行。因此，必須就所得之資料加以考察，這個階段上應注意的事項包括：

(a) 將所得之資訊整理成文章。

N7 的各手法，光畫成圖形是不行的。必須從作圖的過程及作圖的結果，將所知道的事情整理成條例或文章形式記錄下來。尤其在製作親和圖及關聯圖時，一定要整理成文章形式。

(b) 確認是否可以得到所需的資訊。

必須牢記從使用 N7 的分析結果來確認是否真能得到所需要的資訊？如無法得到所需資訊的話，那就是資料不夠或分析的方法不好。究明原因之後，必須再採取行動。

新 QC 七手法適用範圍：

1. 關聯圖法──TQM 推行、方針管理、品質管制改善、生產方式、生產管理改善

2. 親和圖法──開發、TQM 推行、QCC 推行、品質改善

3. 系統圖法──開發、品質保證、品質改善

4. 矩陣圖法──開發、品質改善、品質保證

5. 矩陣開資料解析法──企劃、開發、工程解析

6. PDPC 法──企劃、品質保證、安全管理、試製評估、產量管理改善、設備管理改善

7. 箭法圖解法──品質設計、開發、品質改善

Note

參考文獻

1. 山田秀，TQM 品質管理入門，日經文庫，2006。
2. 山田秀，品質管理的改善入門，日經文庫，2007。
3. 上澤實，我的品質經營，日科技連出版社，1986。
4. 中條武志，ISO 9000 的知識，日經文庫，2006。
5. 水野滋，全社總合品質管理，日科技連出版社，1984。
6. 木暮正夫，日本的 TQM，日科技連出版社，1990。
7. 石川馨，日本的品質管理，日科技連出版社，1980。
8. 永田靖，品質管理的統計方法，日經文庫，2008。
9. 石原勝吉，TQC 活動入門，日科技連出版社，1985。
10. 青山保彥，6 標準差，鑽石社，2006。
11. 青山保彥，6 標準差引進策略，鑽石社，2007。
12. 近藤良夫，全社的品質管理，日科技連出版社，1993。
13. 狩野紀昭，現狀打破・創造之道，日科技連出版社，1995。
14. 狩野紀昭，服務產業的 TQC，日科技連出版社，1990。
15. 唐津一，TQC 日本的智慧，日科技連出版社，1982。
16. TQM 委員會，TQM 21 世紀的總合「質」經營，日科連出版社，1998。

國家圖書館出版品預行編目資料

圖解改善管理/陳耀茂作. -- 初版. -- 臺北
市：五南圖書出版股份有限公司，2022.02
面；　公分.

ISBN 978-626-317-450-4（平裝）

1.品質管理

494.56　　　　　　　　110020640

5BK7

圖解改善管理

作　　者 ─ 陳耀茂

發 行 人 ─ 楊榮川

總 經 理 ─ 楊士清

總 編 輯 ─ 楊秀麗

副總編輯 ─ 王正華

責任編輯 ─ 張維文

封面設計 ─ 姚孝慈

出 版 者 ─ 五南圖書出版股份有限公司

地　　址：106台北市大安區和平東路二段339號4樓

電　　話：(02)2705-5066　　傳　　真：(02)2706-6100

網　　址：https://www.wunan.com.tw

電子郵件：wunan@wunan.com.tw

劃撥帳號：01068953

戶　　名：五南圖書出版股份有限公司

法律顧問　林勝安律師事務所　林勝安律師

出版日期　2022年2月初版一刷

定　　價　新臺幣300元

經典永恆・名著常在

五十週年的獻禮 —— 經典名著文庫

五南，五十年了，半個世紀，人生旅程的一大半，走過來了。

思索著，邁向百年的未來歷程，能為知識界、文化學術界作些什麼？

在速食文化的生態下，有什麼值得讓人雋永品味的？

歷代經典・當今名著，經過時間的洗禮，千錘百鍊，流傳至今，光芒耀人；

不僅使我們能領悟前人的智慧，同時也增深加廣我們思考的深度與視野。

我們決心投入巨資，有計畫的系統梳選，成立「經典名著文庫」，

希望收入古今中外思想性的、充滿睿智與獨見的經典、名著。

這是一項理想性的、永續性的巨大出版工程。

不在意讀者的眾寡，只考慮它的學術價值，力求完整展現先哲思想的軌跡；

為知識界開啟一片智慧之窗，營造一座百花綻放的世界文明公園，

任君遨遊、取菁吸蜜、嘉惠學子！